글과 요리
이미경

더 맛있는 캠핑 요리

TASTY CAMPING FOOD

상상출판

시스터키친의 착한 요리책

쉽고 맛있게, 더 맛있는 캠핑 요리

이 책에서는 캠퍼들의 로망 도구라는 더치 오븐이나 고가의 야외용 버너 없이 작은 코펠 하나와 미니 버너 하나만 있으면 집 밖에서도 집밥보다 훌륭한 자연식을 만들어 먹을 수 있는 레시피를 소개합니다.

캠핑 요리의 꽃 바비큐 레시피부터 캠핑장에서 만들어 먹으면 더 근사한 일품요리, 온 가족을 위한 맞춤 레시피인 밥과 찌개, 아이들을 위한 특별한 키즈 음식, 텐트 속에서 즐기는 카페풍 음료와 디저트를 담았습니다. 또 남은 재료를 활용한 에코 푸드상도 차렸습니다.
친근하고 소박한 재료와 최소한의 캠핑 도구로 초보자들도 누구나 간편하고 맛있게 만들 수 있는 캠핑 요리 레시피를 만나보세요.

시스터키친

김이 모락모락 나는 따끈한 밥 한 공기로 마음이 넉넉해지는 밥상, 살짝 허기가 져 잠이 깬 아침에 갓 지은 솥밥이 차려진 밥상, 밥투정하는 아이가 밥 달라고 아우성치게 만드는 엄마 아빠표 마술 밥상, 낯선 곳에서 우연히 만난 한 그릇의 소박한 음식이 선물해준 위로와 감동에 열광하는 사람들의 맛있는 이야기로 가득한 구어메이 커뮤니티입니다.

다양한 입맛과 스타일을 지닌 요리연구가, 셰프, 여행가, 바리스타, 소믈리에, 사진가, 목장 주인, 한의사, 북 디자이너, 주부 등 미식가이며 식탐가인 그들이 시스터키친을 통해 맛깔스럽게 잔칫상을 차려냅니다. 이번 잔칫상은 집 밖에서도 집밥처럼 간단하고 맛있고 건강하게 차려 먹을 수 있는 캠핑 요리입니다.

더 맛있는 캠핑 요리 가이드

이 책의 레시피 보는 법

❶ 밥숟가락과 종이컵 계량법으로 계량하였습니다.
   ▶ 20쪽 참조

❷ 대체 식재료를 표기하여 반드시 그 재료가 없어도 집에 있는 다른 재료를 활용할 수 있어 요리의 폭이 넓어집니다.

❸ 요리연구가가 터득한 노하우를 쿠킹 팁을 통해 공개합니다.

❹ 요리를 만들면서 따라 하기 쉽도록 양념의 분량을 과정에서 다시 한번 소개하였습니다.

❺ 따라 하기 쉽도록 각각의 재료를 세로로 나열하였습니다.

❻ 4개에서 6개를 넘지 않는 조리 과정으로 구성하였으며, 친절한 과정 사진이 모든 요리에 소개되어 누구나 쉽게 따라 할 수 있습니다.

캠핑장에서도 '홈바'처럼
캠핑 칵테일

밀크 블루 스카이

재료 우유 1컵, 그레나딘 시럽, 블루 퀴라소 약간,
　　　소주(럼 또는 보드카) 1잔, 얼음

1. 컵에 얼음을 가득 담고 우유를 붓는다.
2. 그레나딘 시럽을 붓는다.
3. 소주와 퀴라소를 넣어 섞은 후 붓는다.

밀크 스트로베리

재료 얼린 우유 1팩, 우유 1/2컵, 딸기잼(딸기 스무디) 약간,
　　　자몽 소주 1잔, 얼음 약간

1. 딸기잼에 탄산수나 사이다를 넣어 부드럽게 만든 후
　 잔에 담는다.
2. 얼린 우유를 곱게 갈아준 후 담는다.
3. 자몽 소주와 얼음, 우유를 넣어 셰이킹한 후 붓는다.

밀크 아마레토

재료 우유 1컵, 바나나 1개, 얼음 약간, 아마레토 시럽 약간,
소주 2잔, 휘핑크림, 시나몬 가루 약간

1. 우유에 바나나, 얼음, 아마레토 시럽, 소주를 넣어
   곱게 갈아준다.
2. 잔에 담고 휘핑크림을 올리고 시나몬 가루를 뿌린다.

밀크 모히토

재료 우유 1컵, 애플민트 1줌, 소주 1잔, 설탕 시럽, 얼음 약간

1. 애플민트를 잔에 담고 대충 으깨준다.
2. 소주, 설탕 시럽을 붓는다.
3. 얼음을 넣고 우유를 부어준다.

Contents

About 더 맛있는 캠핑 요리 시스터키친의 착한 요리책 **004**

더 맛있는 캠핑 요리 가이드 이 책의 레시피 보는 법 **005**

캠핑장에서도 '홈바'처럼 캠핑 칵테일 **012**

캠핑을 떠나기 전 알아야 할 것
쿠킹 노트

이 책의 계량법1 밥숟가락&종이컵 계량법 **020**

이 책의 계량법2 한눈에 보이는 계량법 **021**

요리 고수의 맛있는 비밀 캠핑 요리에서 사용한 기본양념 **022**

초보 캠퍼의 캠핑용품 탐구 코펠 하나, 버너 하나로 밥 해먹기 **024**

캠핑의 시작 캠핑 요리 고수의 짐 꾸리기 노하우 **026**

식재료 달력 냉장·냉동 식품의 보존 기간 **028**

Part 1. 불맛 가득한 캠핑 요리

구이 요리 26

01 두반장 돼지갈비구이 **032**

Another Recipe 돼지갈비찜 **033**

02 쇠고기 등심 채소구이 **034**

03 깻잎 통삼겹살구이 **035**

Another Recipe 와인 통삼겹살구이 **035**

04 돼지 등갈비구이 **036**

Another Recipe 삶은 등갈비 김치찜 **037**

05 된장을 바른 돼지목살구이 **038**

06 삼겹살 채소말이 바비큐 **039**

07 돈마호크와 그릴링 베지터블 **040**

08 양갈비 프렌치랙 **041**

09 쇠고기 치즈구이 **042**

10 떡갈비 꼬치구이 **043**

11 모둠 꼬치구이 **044**

12 닭꼬치 고추장구이 **046**

13 닭날개 탄두리 **048**

14 닭가슴살 데리야키구이 **049**

15 유자청 닭다리구이 **050**

16 맥주에 재운 닭구이 **051**

17 도루묵구이 **052**

18 열빙어구이 **053**

19 낙지 호롱구이 **054**

20 새우 소금구이 **055**

21 갈릭 쉬림프 꼬치구이 **056**

22 송어필렛 구이 **057**

23 숯불 고갈비 **058**

24 통감자구이와 통고구마구이 **059**

Another Recipe 남은 감자와 고구마 요리 **059**

25 마늘 은행 버터구이 **060**

26 통가지구이 **061**

Another Recipe 남은 가지 요리 **061**

Part 2. 집밥 보다 맛있는 캠핑 요리

밥과 찌개 30

01 캠핑 파에야 **064**

02 캠핑 쌈밥 **066**

03 김가루 폭탄 주먹밥 **067**

04 바지락 쌈장과 밥 **068**

05 매실 장아찌 주먹밥구이 **070**

06 나물 솥밥 **071**

07 신김치로 만드는 김치밥 **072**

08 해산물이 가득한 해물밥 **073**

09 문어 해초밥 **074**

10 콩나물 국밥 **076**

11 버섯 짜장밥 **077**

12 쇠고기 덮밥 **078**

13 두반장 채소볶음 덮밥 **080**

14 일본풍 옥수수 카레 **082**

15 참치 고추장찌개 **084**

16 꽁치 김치찌개 **085**

17 캠핑 찌개 **086**

18 양념 한 봉지 된장찌개 **088**

19 햄 전골 **089**

20 해물 채소 섞어찌개 **090**

21 북어 해장국 **092**

22 달걀 팟국 **093**

23 해장 뭇국 **094**

24 여러 가지 어묵국 **096**

25 조개탕 **097**

26 빨간 어묵탕 **098**

27 미역 된장죽 **100**

28 참치죽 **101**

29 닭가슴살 통조림 죽 **102**

30 누룽지로 만드는 오차즈케 **103**

Part 3. 온 가족이 즐기는 캠핑 요리

일품요리 44

01 야외용 닭볶음탕 **106**
02 화끈하게 매운 칠리 치킨 **108**
03 통오징어구이와 샐러드 **110**
04 대파 닭날개 조림 **111**
05 전문점 샤부샤부 **112**
06 불맛 제육볶음 **113**
07 돼지 목살 레몬찜 **114**
08 떡을 넣은 돼지 불고기 **116**
09 순대 채소 달달볶음 **118**
10 뼈 없는 닭갈비볶음 **120**
11 쇠고기 가지볶음 **121**
12 쉬운 삼겹살 김치찜 **122**
13 짬뽕 순두부 **124**
14 오리주물럭 **125**
15 마늘 버터 조개찜 **126**
Another Recipe 남은 조개찜 요리 **127**
16 쇠고기 속 치즈 **128**
17 즉석 월남쌈 **130**
18 돼지고기 두부 김치 **132**
19 채소 듬뿍 라면 **134**
20 얼큰 콩나물 라면 **135**
21 해산물 가득 나가사키 짬뽕 **136**
22 얼큰 김치 칼국수 **138**
23 냉소면 **139**
24 볶음 우동 **140**
25 골뱅이무침과 소면 **142**
26 버팔로 비어 치즈 **143**
27 감자 시금치 카레와 파라타 **144**
Another Recipe 남은 감자 시금치 카레 요리 **145**
28 숯불 자반고등어구이 샌드위치 **146**
Another Recipe 통조림 샌드위치 **147**
29 달걀 치즈말이 **148**
30 라이스 참 스테이크 **149**
31 프라이팬 김치전 **150**
32 풋고추와 양파전 **151**

33 감자뢰스티 **152**
34 얼큰 달걀찜 **153**
35 홍합 바지락찜 **154**
36 순두부 바지락찜 **155**
37 주꾸미 초고추장무침 **156**
38 삼겹살 바질 페스토무침 **157**
39 날치알 바다 샐러드 **158**
40 통조림 헬시 샐러드 **160**
Another Recipe 남은 참치와 버섯 요리 **161**
41 훈제 오리구이 샐러드 **162**
42 올리브 샐러드 **163**
43 간장맛 피클 **164**
44 고기 짝꿍 겉절이 **165**

Part 4. 아이들을 위한 캠핑 요리

키즈 푸드 32

01 캠핑장 브런치 **168**
02 베이컨 랩 핫도그 **169**
03 캠핑 수제 소시지 **170**
04 카레 퐁뒤 **172**
05 뚝딱 프라이팬 피자 **173**
06 구운 채소와 햄버그 스테이크 **174**
07 휴게소 토스트 **176**
08 통조림 옥수수전 **177**
09 채소구이 샌드위치 **178**
10 불고기 샌드위치 **180**
11 셀프 김밥 **181**
12 베이컨 볶음밥 **182**
13 안 매운 김치볶음밥 **184**
14 토마토소스 통조림 스파게티 **185**
15 조개 파스타 **186**
16 로제 파스타 **188**
17 카레 우동 **190**
18 내 맘대로 핫도그 **191**
19 조개 수프와 빵 **192**
20 시판 수프로 끓이는 캠핑 수프 **194**

21 소시지 채소볶음 **195**
22 볶음 떡강정 **196**
23 흑초 닭봉조림 **197**
24 소시지 토르티야쌈 **198**
25 신당동 짜장 떡볶이 **199**
26 로제떡볶이 **200**

27 감자 건과일 샐러드 **201**
28 냉동 완자전 샐러드 **202**
29 프라이팬 달걀 오믈렛 **203**
30 키즈 브런치 핫케이크와 제철 과일 **204**
31 통조림 참치 칠리구이 **206**
32 콩가루 딥과 견과류 딥 가래떡구이 **207**

Part 5. 텐트 안 미니 카페

음료와 디저트 10

01 핫 밀크티 **210**
02 핫 애플 사이다 **211**
03 핫 오렌지티 **212**
04 오렌지 레드 와인 **213**
05 아이스 레몬티&핫 레몬티 **214**
06 남은 와인으로 만든 샹그리아 **215**
07 매실 우유 **216**
08 수박 화채 **217**
09 아포가토 **218**
10 채소 호떡 **219**

Special Page. 남은 음식 활용하기

알뜰 캠핑 요리

01 제육볶음 볶음밥 **222**
02 샤부샤부 국물에 끓인 죽 **223**
03 삼겹살 채소말이조림 **224**
04 남은 패티 채소조림 **225**
05 남은 김치찌개로 끓인 김치 우동 **226**
06 칠리 치킨 떡볶이 **227**
07 데리야키 닭가슴살 샐러드 **228**
08 통감자와 통고구마 스위트 샐러드 **229**

Index

쿠킹 노트

캠핑을 떠나기 전 알아야 할 것

밥숟가락&종이컵 계량법

가루 재료 계량하기
소금, 설탕, 고춧가루, 후춧가루, 통깨…

 1은 밥숟가락으로 수북하게 떠서 위를 편평하게 깎은 양

 0.5는 밥숟가락 절반 정도의 양

 0.3은 밥숟가락 1/3 정도 담은 양

액체 재료 계량하기
간장, 식초, 맛술…

 1은 밥숟가락을 가득 채운 양

 0.5는 밥숟가락의 절반 정도의 양

 0.3은 밥숟가락의 1/3 정도의 양

장류 계량하기
고추장, 된장…

 1은 밥숟가락으로 수북하게 떠서 위를 편평하게 깎은 양

 0.5는 밥숟가락 절반 정도의 양

 0.3은 밥숟가락 1/3 정도 담은 양

종이컵으로 액체 재료 계량하기

 1컵은 종이컵에 가득 담은 양으로 200㎖에 조금 부족한 양

 1/2컵은 종이컵의 중간 지점에서 살짝 올라오도록 담은 양

기억해두세요!

1.5는 한 숟가락 + 반 숟가락.
약간은 엄지와 검지로 소금이나 후춧가루를 집을 수 있는 정도의 소량. 약간이라 표기되어 있어도 입맛에 맞게 간을 조절하세요.

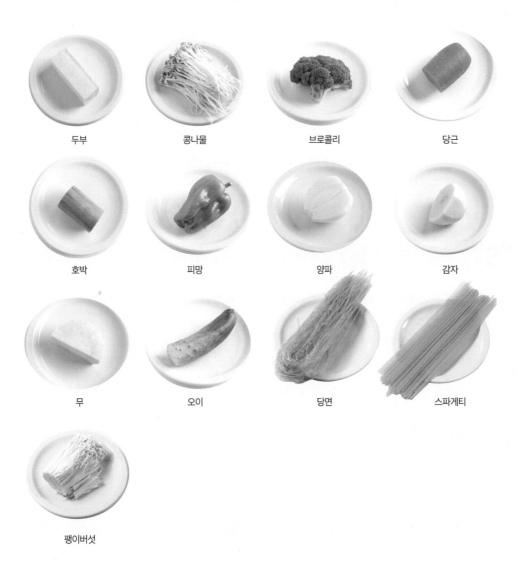

이 책의 계량법 2

한눈에 보이는 계량법

주요 식재료 100g 어림치

주요 식재료의 100g을 눈대중 계량법으로 익혀두면 하나하나 계량하지 않아도 되어 요리하기가 쉬워요. 주요 식재료의 100g 어림치를 소개합니다.

두부　　　　콩나물　　　　브로콜리　　　　당근

호박　　　　피망　　　　양파　　　　감자

무　　　　오이　　　　당면　　　　스파게티

팽이버섯

캠핑 요리에서 사용한 기본양념

깊은 맛의 기본, 장류

 간장 종류나 명칭이 다양하여 요리 초보를 힘들게 하는 간장. 조선간장, 국간장, 청장, 집간장은 집에서 만든 간장을 부르는 명칭이다. 집간장은 맑고 짠맛이 강한 편이라 주로 국이나 찌개 양념에 사용한다. 시판 간장으로는 국간장, 양조간장, 진간장, 조림간장, 향신간장 등이 있다. 양조간장과 진간장은 진하면서 단맛과 감칠맛도 나 조림, 볶음, 구이 등에 다양하게 이용된다. 특히 양조간장은 진간장에 비해 맛이 담백하고 가벼워 조림, 볶음 등에 주로 쓰고 겉절이나 드레싱을 만들 때도 즐겨 쓴다. 진한 맛을 원할 때에는 진간장을 사용하면 된다.

 된장 전통 방식의 한식 메주된장과 개량식 메주된장으로 만들어 구수함과 부드러운 맛이 잘 어우러져 깊은 맛이 나는 제품을 주로 사용하고 있다. 된장찌개, 매운탕에도 잘 어울리고 나물 요리에 넣으면 깊은 맛이 난다. 또 집에서 직접 담가 먹기도 하는데, 집된장은 약간 탁한 맛과 짠맛이 강해 시판 된장과 섞어서 사용하기도 한다.

 고추장 고추장 본연의 맛깔스러운 빛깔과 맛있게 매운맛을 느낄 수 있는 우리 쌀로 만든 태양초 고추장을 즐겨 쓴다. 재래식 고추장의 빛깔을 띠면서도 고추장의 달고 텁텁한 맛이 없는 게 특징. 보통 맛, 맛있게 매운맛, 매운맛 등으로 나뉘어 있어 선택의 폭이 다양하다.

맛의 기본, 소금과 설탕

 천일염 소금은 김치를 절일 때 사용하는 호염(천일염), 일반적인 굵기의 꽃소금, 맛을 가미한 맛소금, 그 외에 다양한 기능을 첨가한 기능성 소금 등이 있는데 다양한 요리에 가장 편하게 사용할 수 있는 소금은 천일염 중 요리용으로 만든 중간 입자를 사용한다. 천일염 특유의 깔끔하고 자연스러운 맛이 음식의 풍미를 살려준다.

 흰 설탕 요리의 색에 따라 흰 설탕과 황설탕, 흑설탕을 가려 쓰는 지혜도 필요하다. 사탕수수에서 추출한 원당을 정제하여 만든 흰 설탕은 설탕의 제조 과정에 가장 먼저 만들어지는 순도가 높은 깨끗한 설탕이다. 약밥이나 수정과 등의 색깔 있는 요리가 아니라면 흰 설탕은 대부분의 요리에 두루두루 쓸 수 있다.

기본양념

 참기름 참깨를 구입해 방앗간에서 직접 짠 참기름과 시판 참기름을 함께 쓰고 있다. 시판 참기름은 100% 참깨만을 사용해 은근한 온도에서 오랫동안 볶아 고소한 맛이 진한 제품을 즐겨 쓴다.

 고춧가루 가을 햇볕에 직접 말린 태양초를 이용하면 빛깔도 좋고 매운맛도 잘 살지만 직접 말린 고춧가루가 없을 때에는 구입하여 사용하고 있다. 경북 영양 고추를 100% 사용해 만든 고춧가루를 즐겨 쓰는데 빛깔이 곱고 매운맛이 적당하며 양념용과 김치용 2가지가 있어 용도에 따라 나눠 사용할 수 있다. 고춧가루는 더운 여름철에는 냉장고에 보관해야 고운 빛깔과 맛을 잃지 않는다.

 식초 곡물식초, 과일식초 등 다양한 식초가 있는데, 깔끔하고 상큼한 맛이 나 여러 가지 요리에 다양하게 넣을 수 있는 사과식초를 즐겨 쓴다. 신맛이 강하고 물이 생기지 않게 요리하는 무침류에는 2배식초, 3배식초 등을 이용하면 좋다.

 요리당 흐름성이 좋아 사용이 편리하고 요리할 때 잘 타지 않고 윤기가 돌며 식어도 잘 굳지 않는 요리당. 볶음용, 조림용 외에 고기를 재울 때나 생선 요리에도 활용한다.

 마요네즈 샐러드나 샌드위치를 만들 때 사용하면 맛내기가 쉽다. 기본 마요네즈외에 와사비, 명란 마요네즈등의 있어 기호에 맞게 활용한다.

소스류

 멸치 한스푼 따로 육수를 내지 않아도 멸치 육수 대용품으로 국이나 무침 요리의 간을 맞추는 과정을 한 번에 해결할 수 있는 소스.

 참치 한스푼 순살 참치액에 버섯, 양파, 마늘, 생강 등의 재료로 맛을 낸 소스. 참치 특유의 강한 맛이 나지 않으며 국물 요리나 무침, 볶음 요리에 한두 숟가락 넣으면 감칠맛이 난다. 액상 타입이라 나물 요리에도 사용할 수 있다.

 한알육수 멸치, 다시마, 대파, 홍합살, 새우 등의 재료들로 깊은 육수맛을 만들어내고 간편하게 휴대가 가능하여 캠핑에 사용하기 좋은 조미료이다.

 굴소스 굴 추출물로 만든 굴소스는 중국 요리뿐만 아니라 한식에도 잘 어울린다. 볶음, 조림, 구이, 덮밥 요리 등에 활용할 수 있고 기호에 따라서 매운맛 굴소스를 사용한다.

 캡사이신 소스 밀양의 청양고추와 고추의 매운맛 성분인 캡사이신으로 만든 화끈하게 매운 소스. 칼칼하면서도 텁텁하지 않아 깔끔하게 매운맛을 내는 요리에 사용하면 좋다. 단, 고추의 매운맛만을 모아 만든 제품이기 때문에 식성에 따라 적당한 양만 넣는다.

 우동 소스 간장에 가츠오부시 추출액과 다랑어 추출 분말 등을 넣어 만든 소스. 우동이나 어묵탕의 맛내기 국물로 사용하거나 덮밥 소스로 활용하면 깊은 맛을 낼 수 있다.

 유자폰즈 간장에 가츠오부시와 유자를 첨가하여 만든 소스. 튀김은 물론 각종 구이나 부침에 사용하면 상큼한 맛을 즐길 수 있다.

코펠 하나, 버너 하나로 밥 해먹기

하나쯤 장만해두어야 할 기본 용품

코펠

밥도 짓고 찌개도 끓이고 미니 볼로 활약하는 코펠은 캠핑 요리에 없으면 안되는 존재. 다양한 사이즈의 냄비와 프라이팬이 각기 다른 임무를 수행하다가 짐을 꾸릴 때는 로봇처럼 합체하여 짐을 줄여주기도 한다. 경질, 세라믹, 스테인리스 코펠 등이 있는데, 요즘에는 내열성이 좋고 녹이 잘 슬지 않는 스테인리스 코펠이 인기다. 코펠이 없다면 집에 있는 냄비와 팬을 들고 가면 된다.

팬

코펠이 있어도 하나쯤 더 챙겨 가면 큰 활약을 펼치는 프라이팬. 코팅 처리가 되어 있고 무게가 가벼운 프라이팬이 캠핑 요리에 적합하다. 캠핑 인원에 맞는 사이즈를 챙겨 간다.

바비큐 그릴

그릴 전체에 열을 닿도록 하여 음식이 골고루 익는 것이 좋은 제품이다. 또 열에 강한 불소 코팅 처리와 스틸을 사용한 제품을 고른다.

버너

그릇 받침대와 다리를 접을 수 있는 제품과 호스로 연결하는 제품 등 디자인이 다양하다. 크기가 작고 가벼우며 가스에 직접 연결하여 사용할 수 있어 편리하다. 그러나 오래 끓여야 하는 요리나 많은 양의 요리를 할 때에는 적합하지 않다. 물론 집에 있는 휴대용 가스레인지를 들고 가도 좋다.

가스 토치

고화력이라 간단히 숯불을 지필 수 있다. 가스 토치를 준비하지 못했을 때에는 신문지를 한 장씩 스카프 말듯이만 다음 공 모양으로 동그랗게 말아 바비큐 그릴 위에 10개 정도 넣고 그 위에 숯을 얹어 신문지에 불을 붙여도 된다.

숯

누구나 좋아하고 쉽게 만들 수 있으며 맛도 좋은 바비큐. 맛있는 바비큐를 만들려면 숯에 구워야 하는데 구이용 참숯이 적당하다. 열대목을 압축탄화시킨 차콜 숯은 크기가 작은 편이라 불이 쉽게 붙고 연기가 별로 나지 않지만 참숯보다는 화력이 약한 편이다.

가스

캠핑 회사마다 여러 종류의 제품을 판매하는데 영하에서도 사용할 수 있는 사계절용 가스를 구입하는 것이 좋다.

물 탱크

식수 공급이 쉽지 않은 캠핑장이나 식수가 있어도 거리가 먼 경우 꼭 필요한 필수품이다.

아이스박스

식재료와 술, 음료를 담아야 하므로 용량이 큰 걸로 구입하는 것이 좋다.

있으면 편리한 용품

트윈 버너

가정용 가스레인지처럼 동시에 2가지 조리가 가능한 버너.

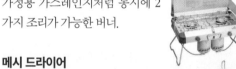

메시 드라이어

통풍이 잘되며 해충을 방지하는 소재로 만든 다용도 식기 건조대. 공간 활용성이 뛰어나고 크기가 큰 코펠도 수납할 수 있다.

캠핑 싱크

설거지감이나 식재료, 세탁물 등을 수납할 수 있는 바구니. 내구성과 방수성이 뛰어난 원단을 사용했다.

버너용 바람막이

캠핑 요리의 난적은 바람. 철판으로 된 바람막이나 알루미늄 소재의 접이식 바람막이를 준비하면 요리가 더 빨라진다.

훈연칩

사과나무, 벚나무, 호두나무, 참나무 등의 향나무 조각을 바비큐 그릴에 넣어 구우면 요리에 향이 배어 독특한 향과 풍미를 느낄 수 있다. 다만 너무 많이 넣으면 매운맛이나 쓴맛이 날 수도 있으므로 주의한다. 톱밥 형태 등 다양한 제품이 있다.

파이어 로그

바비큐 그릴이나 장작난로, 화덕용 장작으로 톱밥을 압축하여 보통 장작보다 3배 이상 오래 탄다. 연기와 재가 많지 않아 캠핑할 때 사용하면 좋다.

사진 제공·코베아(www.kovea.co.kr)

캠핑 요리 고수의 짐 꾸리기 노하우

Step 1
캠핑 요리 맛의 시작, 식재료 고르기

쇠고기 구이용 쇠고기로는 등심이나 부챗살, 갈빗살 등을 선택하여 바비큐용으로 두툼하게 썰어서 준비한다. 일반적으로 판매되는 구이류는 프라이팬이나 전기 그릴에서 굽는 것을 기본으로 하기 때문에 얇은 편이라 그대로 바비큐 그릴에 구우면 타기 쉽다.
돼지고기 바바큐용은 삼겹살이나 목살을 이용하고 두툼하게 썰어 준비한다. 볶음이나 조림, 카레 등에 사용할 때에는 등심이나 앞다리살이 적당하다. 냉동고기는 냉장고에서 해동한 후 육즙을 잘 제거해서 조리한다.
닭고기 닭고기는 부위별로 판매하니 요리법을 정하고 부위별로 구입하는 것이 좋다.

해산물 가급적 제철인 해산물을 활용하는 것이 현명하다. 여름철에 조개류는 자칫 식중독을 일으킬 수 있으니 가능하면 현지에서 신선한 것으로 구입한다.

Step 2
식재료를 포장하여 아이스박스에 담기

바비큐용 육류 한 번에 먹을 만큼씩 나눠 포장한다.
육류 키친타월을 깔고 포장하여 육즙이 새지 않도록 주의한다.
갈비 물에 담갔다가 불순물을 잘 제거한 후 육즙을 잘 빼서 팩에 넣어 준비한다.

생선 손질하여 소금을 약간 뿌리고 키친타월을 깐 밀폐용기에 담는다.

냉동 해산물 완전히 해동하여 물기를 뺀 후 키친타월을 깐 밀폐용기에 넣는다.

조개 물을 약간 넣고 삶아서 밀폐용기나 지퍼팩에 조개 삶은 물과 함께 넣어 얼려서 준비해 가면 활용하기 편하다.

단단한 채소 물에 씻어 물기를 완전히 제거해서 비닐백에 넣어 가면 오래 보관할 수 있다. 며칠 동안 먹을 채소라면 씻지 않고 그대로 준비해서 캠핑장에서 씻어 요리한다.

잎채소 물에 씻어 키친타월로 한번 싸서 비닐백에 넣어 아이스박스에 담아 가면 싱싱하게 보관할 수 있다.

양념·소스 미리 준비하여 캠핑 전용 밀폐용기에 담는다.

김치 포장김치를 활용하거나 집에서 먹기 좋게 썰어서 준비해 간다.

★ 아이스박스의 아래쪽에는 페트병에 담긴 음료수나 물을 얼려서 담고 기타 음료와 밀폐용기, 단단한 채소를 넣고 아이스팩을 중간에 얹은 후 가벼운 채소를 담는다. 또 아이스박스에 해산물과 육류를 함께 담을 때에는 육즙이 흐르지 않도록 지퍼팩 등에 넣어 꼼꼼하게 포장한다. 육류나 해산물은 작은 스티로폼 박스(냉장·냉동 식품 택배에 사용하는 박스)에 채우고 아이스팩과 함께 포장하면 훌륭한 아이스박스 대용품이 된다. 그리고 아이스팩은 미리 단단히 얼려둔다. 얼릴 때 아이스팩끼리 겹쳐 있으면 제대로 얼지 않으니 펼쳐서 각각 얼려야 꽁꽁 언다.

Step 3
집에 있는 물건 활용해 캠핑용 식기와 매트 챙기기

요즘 캠핑 용품은 집 하나를 옮겨놓았다 해도 과언이 아닐 정도로 다양한 제품이 속속 등장하고 있다. 그러나 전문 캠퍼가 아니고서야 캠핑 때만 사용하는 전용 식기와 조리도구를 여러 개 구입할 필요는 없다. 집을 둘러보면 기능성을 갖춘 근사한 캠핑 용품이 눈에 띈다. 캠핑용 식기로는 가벼운 나들이용 플라스틱 접시나 커트러리는 기본이다. 특히 아이와 함께 하는 캠핑이라면 편리하게 사용할 수 있다. 자연 친화적이고 가벼우며 별다른 소품이 없어도 캠핑 요리의 멋을 살려주는 나무 그릇이나 도마도 챙겨 가면 좋은 아이템. 나무 도마는 도마로도 사용할 수 있고 때로로 냄비 받침으로 활용되며 샌드위치나 술안주 등을 담는 그릇 역할도 한다. 냄비는 코펠만 준비해도 되지만 식수대가 멀 경우를 대비하여 집에 있는 작은 냄비를 한두 개 정도 여유롭게 가져가면 편하다. 또 캠핑 요리로는 바비큐 요리를 주로 해먹게 되는데 육류보다는 가벼운 해산물 구이를 할 때 요긴하게 쓰이는 그릴도 준비하면 좋다. 마지막으로 식재료를 담아두거나 그릇이 부족할 때 식기로도 활용할 수 있는 스테인리스 재질의 사각 용기(흔히 사각 바트라 부른다)는 가볍기도 하고 여러 개를 겹쳐 수납할 수 있어 캠핑을 떠날 때 들고 가면 효자 노릇을 톡톡히 한다.

Tip 다양하게 이용할 수 있는 만능 상자, 와인 박스

지인에게 얻은 와인 박스는 캠핑을 떠날 때 자주 들고 간다. 사각 바트를 이용해 임시 칸막이를 만들어 가루 양념, 액체 양념, 향신료 등으로 나누어 양념 상자로 들고 갔다가 캠핑장에 도착하면 뒤집어 엎어놓고 간이 테이블로 사용하기도 한다. 와인 박스 양옆에 손잡이를 달면 훨씬 더 편리하게 사용할 수 있다.

냉장고에 붙여두고 구구단처럼 외우는 식재료 달력

냉장·냉동 식품의 보존 기간

옛날 곳간과 텃밭을 대신하는 냉장고는 뭐든지 넣어두기만 하면 영원히 보존할 수 있는 요술 상자가 아닙니다. 냉장고에 넣든, 냉동실에 넣든 식품의 보존 기간은 존재해요. 건강한 밥상을 차리려면 냉장고와 냉동고를 똑똑하게 이용해야 합니다. 알아두면 좋을 냉장과 냉동 식품의 보존 기간을 소개할게요.

냉장 식품

육류
다진 고기 1일
닭고기 1일
두툼한 쇠고기·돼지고기 1~2일
베이컨 3~4일
삼겹살 1~2일
소시지 3~4일
얇게 썬 쇠고기·돼지고기 1~2일
햄 3~4일

해산물
명란젓 1주
모시조개 1~2일
바지락 1~2일
새우 1~2일
생선 1~2일
오징어 1~2일
키조개 1~2일
토막 낸 생선 1~2일

채소
가지 3~4일
감자 1주 *1개월(실온 보관)
단호박 4~5일(자른 것) *2~3개월(실온 보관)
당근 4~5일
대파 1주
마 1주(자른 것) *1개월(실온 보관)
무 4~5일
배추 1개월(통배추), 3~4일(자른 것)
부추 3~4일
브로콜리·콜리플라워 2~3일

생강 1주
시금치 3~4일
애호박 3~4일
양배추 2주
양상추 3~4일
양파 1주 *1~2개월(실온 보관)
오이 3~4일
옥수수 3~4일
우엉 1주
콩나물 1~2일
토마토 3~4일
풋콩 2~3일
피망 1주
허브 2~3일

과일
딸기 1~2일
레몬 2주
멜론 1~2일
무화과 1~2일
배 7~10일
사과 1~2주
수박 1~2일
오렌지 1개월
파인애플 1~2일(자른 것) *3~4일(실온 보관)
포도 2~3일

기타
달걀 5주
두부 2~3일
마가린 2주
밤 2주

밥 1일
버섯 1주
버터 2주
생크림 1~2일
요구르트 2~3일
우유 2~3일
은행 1개월
치즈 1~2주

생강 1개월
숙주나물 2주
시금치 2~3주
애호박 2주
양배추 1~2주
양파 1개월
옥수수 1개월
우엉 1개월
콩나물 2주
토마토 1개월
풋콩 1개월
피망 1개월

냉동 식품

육류 다진 고기 2주
닭고기 2주
두툼한 쇠고기·돼지고기 2주
베이컨 1개월
삼겹살 1개월
소시지 1개월
얇게 썬 쇠고기·돼지고기 2주
햄 1개월

해산물 명란젓 2~3주
모시조개 1~2주
바지락 1~2주
새우 1개월
생선 2주
어묵 1개월
오징어 2주
키조개 2주
토막 낸 생선 2~3주

채소 가지 1개월
감자 1개월
고구마 1개월
단호박 1개월
당근 1개월
대파 1개월
마 2주
마늘 1개월
무 1개월
부추 1개월
브로콜리·콜리플라워 1개월

과일 감 1개월
귤 1개월
딸기 1개월
레몬 1개월
멜론 1개월
무화과 1개월
바나나 1개월
배 1개월
수박 1개월
오렌지 1개월
키위 1개월
파인애플 1개월
포도 1개월

기타 달걀 1~2주
두부 1개월
밤 1개월
밥 1개월
버섯 2주
버터 1개월
생크림 2주
요구르트 2주
은행 1개월
치즈 1개월
허브 2주

Tip 냉동 보관하는 식재료는 생것 그대로 보관하는 것도 있고, 데치거나 익혀 보관해야 하는 것도 있다.

구이 요리 26

Part 1, 불맛 가득한 캠핑 요리

두반장 돼지갈비구이

돼지갈비는 살이 두툼해 주로 찜으로 먹었는데요. 요즘은 먹는 방법이 다양해서인지
LA갈비처럼 자른 돼지갈비가 눈에 띄어 양념에 재워 구웠어요. 아무리 양념이 맛있어도
갈비의 핏물을 충분히 빼지 않으면 뼈에서 불순물이 나와서 맛이 없어요.
핏물을 충분히 빼고 키친타월로 물기를 잘 제거한 다음 양념에 재워 캠핑장으로 들고 가세요.

요리 시간
40분

주재료(4인분)
돼지갈비 600g
브로콜리 1송이
당근 1/4개
소금·후춧가루 약간씩
버터 적당량

돼지고기 양념 재료
두반장 2
간장 3
설탕 2
청주 2
양파즙 3
생강가루 약간

양념장 재료
토마토케첩 3
꿀 3
간장 1
청주 1

대체 식재료
돼지갈비 ▶ 돼지 등갈비
꿀 ▶ 설탕

❶ 돼지고기는 도톰하게 썰어 찬물에 1시간 정도 담갔다가 물기를 뺀다.

❷ 돼지고기 양념 재료인 두반장 2, 간장 3, 설탕 2, 청주 2, 양파즙 3, 생강가루 약간을 섞어 돼지고기에 넣어 고루 주물러 1시간 정도 재운다.

❸ 양념장 재료인 토마토케첩 3, 꿀 3, 간장 1, 청주 1을 고루 섞는다.

Another Recipe

돼지갈비찜

남은 돼지갈비는 간장 불고기 양념으로 찜을 만드세요. 살짝 데쳐 냄비에 양파, 대파, 마늘과 함께 넣고 물을 부어 은근한 불에 삶아 부드러워지면 간장 불고기 양념을 넣어 은근한 불에서 끓이세요. 이때 감자, 당근, 피망 등을 넣으면 채소도 듬뿍 먹을 수 있어요.

❹ 브로콜리와 당근은 먹기 좋은 크기로 썰어 끓는 물에 데쳐 물기를 빼고 소금과 후춧가루로 간해 팬에 버터를 녹이고 볶는다.

❺ 그릴에 돼지고기를 올려 노릇한 색이 돌면 불을 약하게 줄이고 양념장을 두세 번 발라가며 익혀 접시에 담고 브로콜리와 당근을 곁들인다.

쇠고기 등심 채소구이

02

요리 시간
30분

재료(4인분)
쇠고기 등심 400g
소금·후춧가루 적당량씩
양파 1개
애호박 1개
가지 1개
새송이버섯 2개
식용유 적당량
씨겨자 4

대체 식재료
씨겨자 ▶ 머스터드

요리 팁
쇠고기는 구울 때 자주 뒤집으면 육즙이 많이 빠져 맛이 없어요. 한 면이 제대로 익으면 뒤집어 나머지 면도 익히세요.

1 쇠고기는 큼직하게 썰어 소금과 후춧가루로 밑간한다.

2 양파, 애호박, 가지, 새송이버섯은 굽기 좋은 두께로 도톰하게 썬다.

3 양파, 애호박, 가지, 새송이버섯에 식용유를 약간 뿌려 버무리고 소금과 후춧가루로 간한다.

4 준비한 재료를 그릴에 올려 앞뒤로 굽고 씨겨자를 곁들인다.

요리 시간
60분

재료(4인분)
돼지고기 통삼겹살 800g
마늘맛 솔트 약간
후춧가루 약간
마늘 8쪽
깻잎 20장

대체 식재료
마늘맛 솔트 ▶ 소금

요리 팁
통삼겹살은 그릴에서 오래 구워야 하는데, 숯불이 세면 겉은 타고 속은 익지 않아요. 쿠킹포일로 기름받이를 만들어 그릴 안에 넣고 구우면 좋아요.

깻잎 통삼겹살구이

와인 통삼겹살구이

먹다 남은 와인이 있다면 통삼겹살을 담갔다가 구워 드세요. 삼겹살에 와인빛이 돌며 돼지고기의 잡냄새도 없애고 맛도 부드러워져요. 기호에 따라 향신료를 첨가해도 좋아요.

❶ 돼지고기 통삼겹살은 5cm 폭으로 덩어리째 잘라 마늘맛 솔트와 후춧가루로 밑간하여 10분 정도 재우고 마늘은 편으로 썬다.

❷ 쿠킹포일로 기름받이를 만들어 그릴 안에 넣고 그릴에 통삼겹살을 얹고 마늘편을 올린다.

❸ 깻잎을 4~5장씩 겹쳐 돼지고기를 감싸 익힌다.

돼지 등갈비구이

레스토랑 바비큐보다 더 맛있는 우리집표 돼지 등갈비구이예요.
끓는 물에 부드럽게 삶아서 준비해 가면 간단하게 만들 수 있어요.
시판 훈연칩이나 훈연할 수 있는 널빤지인 플랭크를 활용해도 좋아요.

요리 시간
40분

주재료(4인분)
돼지 등갈비 2대
양파 1개
소금·후춧가루 약간씩

대체 식재료
돼지 등갈비 ▶ 돼지갈비

소스 재료
마늘 5쪽
토마토케첩 4
바비큐소스 3
물엿 2
물 1/2컵

요리 팁
양념은 미리 발라서 구우면 타기 쉬우니 그릴에서 등갈비를 충분히 구운 다음 바르세요.

❶ 돼지 등갈비는 찬물에 30분 정도 담가 핏물을 뺀다.

❷ 끓는 물에 등갈비를 넣어 30분 정도 삶아 건진다.

❸ 양파는 곱게 채 썰어 찬물에 담갔다가 건져 접시에 담는다.

Another Recipe

삶은 등갈비 김치찜

삶은 등갈비는 묵은지를 넣어 김치찜을 만들면 좋아요. 냄비에 등갈비를 담고 묵은지를 넉넉히 올려 은근한 불에 푹 끓이면 특별한 양념 없이도 맛있는 등갈비 김치찜을 만들 수 있어요.

❹ 마늘은 편으로 썰어 토마토케첩 4, 바비큐소스 3, 물엿 2, 물 1/2컵을 넣고 섞어 걸쭉해질 때까지 끓인다.

❺ 돼지 등갈비에 소스를 덧발라가며 그릴이나 팬에 구워 채 썬 양파 위에 올린다.

된장을 바른
돼지 목살구이

요리 시간
30분

주재료(4인분)
돼지고기 목살 600g
부추 100g
식용유 2

된장 양념장 재료
된장 4
간장 2
설탕 2
고춧가루 2
다진 마늘 2
참기름 2
맛술 2
다진 생강 약간
후춧가루 약간

대체 식재료
부추 ▶ 달래

❶ 돼지고기는 칼등으로 두드려 조직을 연하게 한 다음 먹기 좋은 크기로 썬다.

❷ 된장 양념장 재료인 된장 4, 간장 2, 설탕 2, 고춧가루 2, 다진 마늘 2, 참기름 2, 맛술 2, 다진 생강 약간, 후춧가루 약간을 섞어 돼지고기를 넣어 조물조물 무친다.

❸ 부추는 다듬어 씻어 4cm 길이로 썬다.

❹ 팬에 식용유를 두르고 돼지고기를 노릇하게 익혀 접시에 담고 부추를 곁들인다.

요리 시간
30분

주재료(4인분)
돼지고기 삼겹살 400g
소금·후춧가루 약간씩
피망 1/2개
당근 1/4개
팽이버섯 1봉
깻잎 10장

된장 양념 재료
된장 2
청주 2
참기름 1
다진 마늘 2
후춧가루 약간

대체 식재료
돼지고기 삼겹살 ▶ 베이컨

요리 팁
삼겹살은 얇은 것으로 준비
해야 돌돌 말기 쉬워요. 두꺼
운 삼겹살이라면 꼬치에 채
소와 번갈아 꿰어 구우세요.

삼겹살
채소말이
바비큐

❶ 돼지고기는 얇게 썬
것으로 준비해 소금과 후
춧가루로 밑간한다.

❷ 피망과 당근은 곱게
채 썰고 팽이버섯은 밑동
을 잘라내고 깻잎은 채
썬다.

❸ 된장 양념 재료인 된
장 2, 청주 2, 참기름 1,
다진 마늘 2, 후춧가루
약간을 섞어 돼지고기에
얇게 펴 바르고 준비한
채소를 넣어 돌돌 만다.

❹ 그릴이나 팬에 돼지고
기를 넣고 굴려가며 노릇
노릇하게 굽는다.

돈마호크와 그릴링 베지터블

요리 시간
30분

재료(2인분)
돈마호크 2대
버섯
가지
파프리카
주키니호박
껍질콩 약간 적당량
소금·후춧가루
로즈마리 약간
올리브오일 약간

소스 재료
스테이크 소스 적당량

요리 팁
버섯은 수분이 많아서 그릴에 구울 때는 큼직하게 썰거나 그대로 구워서 잘라서 먹는 것이 좋다.

❶ 돈마호크에 소금, 후춧가루, 로즈마리, 올리브오일을 뿌려둔다.

❷ 버섯, 가지, 파프리카, 호박은 적당한 크기로 썰어 올리브오일을 뿌린다.

❸ 그릴에 재료들을 올린다.

❹ 노릇노릇하게 구워 스테이크 소스를 곁들인다.

요리 시간
30분

주재료(2인분)
양갈비(프렌치렉) 6대
아스파라거스
양파
마늘 적당량

양념 재료
소금·후춧가루 약간
로즈마리 약간
양갈비구이 시즈닝 약간

양갈비
프렌치랙

08

❶ 양갈비에 소금, 후춧
가루, 로즈마리를 뿌린다.

❷ 아스파라거스, 양파,
마늘은 먹기 좋은 크기로
썬다.

❸ 그릴에 양갈비를 올려
굽다가 채소를 넣어 굽
는다.

❹ 채소에 소금·후춧가
루로 간을 하고 시즈닝을
곁들여 양갈비를 찍어 먹
는다.

쇠고기 치즈구이

09

요리 시간
30분

재료(4인분)
쇠고기 등심 600g
소금·후춧가루 약간씩
올리브오일 적당량
양파 1/2개
느타리버섯 1/2팩
풋고추 2개
소금·후춧가루 약간씩
모차렐라 치즈 2컵

대체 식재료
쇠고기 등심
▶ 쇠고기 부챗살

요리 팁
쇠고기에 마블링이 적어 육질이 부드럽지 않을 때에는 칼등으로 두드려 올리브오일을 뿌리면 부드럽게 먹을 수 있어요.

❶ 쇠고기는 소금, 후춧가루, 올리브오일을 뿌린다.

❷ 양파와 느타리버섯은 채 썰고 풋고추는 송송 썬다.

❸ 팬에 양파와 느타리버섯을 볶아 소금과 후춧가루로 간한다.

❹ 팬이나 그릴에 쇠고기를 앞뒤로 굽고 양파, 느타리버섯, 풋고추를 얹은 다음 모차렐라 치즈를 올려 치즈가 녹도록 굽는다.

요리 시간
35분

주재료(4인분)
다진 쇠고기 400g
가래떡(10cm) 4줄
잣가루 2

양념장 재료
다진 마늘 1
다진 파 2
간장 5
설탕 2
물엿 1
참기름 1
깨소금 1
후춧가루 약간
식용유 적당량

대체 식재료
잣 ▶ 호두, 아몬드

요리 팁
가래떡이 딱딱하면 고기는 익어도 떡은 설익을 수 있어요. 딱딱한 가래떡은 끓는 물에 데쳐 부드럽게 만들거나 뜨거운 물에 담갔다가 사용하세요.

떡갈비
꼬치구이

❶ 쇠고기는 키친타월로 핏물을 말끔히 제거한다.

❷ 가래떡은 적당한 크기로 자른다.

❸ 양념장 재료인 다진 마늘 1, 다진 파 2, 간장 5, 설탕 2, 물엿 1, 참기름 1, 깨소금 1, 후춧가루와 식용유 약간씩을 섞어 쇠고기에 넣어 끈기가 생길 때까지 치댄다.

❹ 가래떡을 고기로 감싸서 꼬치에 꽂아 식용유를 살짝 발라 숯불 위에서 구워 잣가루를 뿌린다.

모둠 꼬치구이

여러 가지 재료를 꼬치에 꿰어 구워 먹는 캠핑 요리의 꽃.
어떤 재료를 꿰든, 어떤 양념을 바르든 맛있어요.
이런저런 재료를 준비하기 어렵다면 양념만 다양한 맛으로 준비하세요.
닭고기와 해산물은 미리 데쳐서 들고 가면 짐도 줄고 요리 시간도 단축돼요.

요리 시간
40분

주재료(4인분)
팽이버섯 2봉
베이컨 8장
닭 다리 200g
꽈리고추 8개
오징어 1마리
새우 12마리
양송이버섯 4개

소스 재료
데리야키 소스 6
페스토 소스 4
칠리소스 6

대체 식재료
닭 다리 ▶ 돼지고기 목살

요리 팁
나무 꼬치를 이용할 때에는 끝이 그릴의 화기에 탈 수 있으니 쿠킹포일로 감싸서 구우세요.

❶ 팽이버섯은 밑동을 자르고 씻어 물기를 빼고 베이컨으로 돌돌 말아 꼬치에 꿴다.

❷ 닭 다리는 먹기 좋은 크기로 썰고 꽈리고추는 꼭지를 떼고 큰 것은 반으로 썰어 닭고기와 번갈아 꼬치에 꿴다.

❸ 오징어는 먹기 좋은 크기로 썰고 새우는 껍질을 벗기고 양송이버섯은 4등분하여 오징어, 새우, 양송이버섯을 번갈아 꼬치에 꿴다.

❹ 베이컨 꼬치는 그릴이나 오븐, 팬에 앞뒤로 노릇하게 구워 페스토 소스를 곁들인다.

❺ 닭 꼬치는 데리야키 소스를 두세 번 바르고 앞뒤로 노릇하게 굽는다.

❻ 해산물 꼬치는 노릇하게 구워 칠리소스를 곁들인다.

닭꼬치 고추장구이

길거리표 닭꼬치구이가 오랫동안 사랑받고 있지요. 숯불에 구워야 제맛이 나서 집에서는
시도하기 어려운 요리지만 야외에 나가면 꼭 만들어요. 그릴에 구울 때에는 불 조절을 잘 해야 하고
그릴이 없다면 닭고기를 꼬치에 꿰어 팬에 한번 구운 다음 양념을 발라가며 구우세요.

요리 시간
30분

주재료(4인분)
닭 다리 4개
소금·후춧가루 약간씩
꽈리고추 8개
대파 2대

대체 식재료
꽈리고추 ▶ 피망, 고추

양념 재료
고추장 2
고춧가루 1
간장 2
물엿 2
설탕 0.5
청주 1

요리 팁
닭 다리는 직접 뼈를 발라서 손질해도 좋지만 닭 다리살만 구입해도 간편해요. 그릴에 구울 때 쿠킹포일을 깔고 구우세요.

❶ 닭 다리는 뼈까지 닿게 깊숙이 칼집을 넣어 살을 편 다음 뼈를 따라 칼집을 넣어가며 뼈를 발라내어 큼직하게 썬다.

❷ 닭 다리살에 소금과 후춧가루로 밑간한다.

❸ 꽈리고추는 꼭지를 떼고 큰 것은 반으로 썰고 대파는 3cm 길이로 썬다.

❹ 양념 재료인 고추장 2, 고춧가루 1, 간장 2, 물엿 2, 설탕 0.5, 청주 1을 골고루 섞어 양념장을 만든다.

❺ 꼬치에 닭 다리살, 꽈리고추, 대파를 번갈아 꿴다.

❻ 팬이나 그릴에 쿠킹포일을 깔고 꼬치를 얹어 양념장을 골고루 발라가며 불 조절에 신경 쓰면서 타지 않게 굽는다.

047

닭날개 탄두리

요리 시간
35분

주재료(4인분)
닭 날개 16개
탄두리 티카 1봉
플레인 요구르트 1개
양파 1/4개

땅콩버터 소스 재료
땅콩버터 2~3
머스터드 0.3
맛술 1
간장 0.3
레몬즙 2
후춧가루 약간

대체 식재료
탄두리 티카 ▶ 카레가루

요리 팁
인도식 화덕인 탄두리에 굽
는 대신 그릴을 사용했어요.
탄두리 티카 양념에 닭고기
대신 감자나 브로콜리 등을
발라 구워도 맛있어요.

❶ 닭 날개는 손질해 탄
두리 티카와 플레인 요
구르트를 넣고 버무려
30분 정도 재우고 양파
는 얇게 채 썬다.

❷ 땅콩버터 소스 재료
인 땅콩버터 2~3, 머스터
드 0.3, 맛술 1, 간장 0.3,
레몬즙 2, 후춧가루 약간
을 섞는다.

❸ 쿠킹포일을 깐 그릴이
나 팬에 닭 날개를 올려
노릇하게 굽는다.

❹ 접시에 채 썬 양파와 구
운 닭 날개를 먹음직스럽
게 담고 땅콩버터 소스를
곁들인다.

요리 시간
30분

주재료(4인분)
닭 가슴살 600g

데리야키 소스 재료
마늘 4쪽
데리야키 소스 1/4컵
맛술 3
물엿 2
로즈메리 약간

대체 식재료
닭 가슴살 ▶ 돼지고기 안심

요리 팁
시판 데리야키 양념을 사용
하거나 팬에 간장, 맛술, 물엿,
설탕, 마늘을 넣고 끓여서 사
용해도 좋아요.

닭가슴살
데리야키구이

❶ 닭 가슴살은 두꺼운
부분은 약간 포를 뜬다.

❷ 마늘은 편으로 썰어
데리야키 소스 1/4컵, 맛
술 3, 물엿 2, 로즈메리
약간을 넣어 섞는다.

❸ 데리야키 소스를 닭
가슴살에 넣어 30분 정
도 재운다.

❹ 그릴이나 팬에 남은 양
념을 발라가며 굽는다.

유자청 닭다리구이

요리 시간
30분

주재료(4인분)
닭 다리 8개
소금청주 약간씩
쌈채소 적당량

유자청 양념 재료
다진 마늘 1
다진 파 2
다진 생강 약간
유자청 2
고추장 4
고춧가루 1
청주 2
간장 1
설탕 1
후춧가루 약간

대체 식재료
유자청 ▶ 매실청, 모과청

❶ 닭 다리는 뼈를 발라 내고 얇게 펴서 껍질이 오그라들지 않게 칼끝으로 두드려 소금과 청주를 약간씩 넣어 10분 정도 재운다.

❷ 유자청 양념 재료인 다진 마늘 1, 다진 파 2, 다진 생강 약간, 유자청 2, 고추장 4, 고춧가루 1, 청주 2, 간장 1, 설탕 1, 후춧가루 약간을 섞어 닭 다리에 발라 10분 정도 재운다.

❸ 양념에 재운 닭고기를 그릴이나 팬에 중간 불로 노릇노릇하게 굽는다.

❹ 먹기 좋은 크기로 썰어 접시에 담고 쌈채소를 곁들인다.

요리 시간
30분

주재료(4인분)
닭 다리 8개

맥주 소스 재료
맥주 1/2캔
다진 마늘 1
굵은소금 1
레몬 1/2개
후춧가루 약간

대체 식재료
레몬 ▶ 매실청, 흑초, 홍초
맥주 ▶ 와인, 청주

요리 팁
맥주는 마시고 남은 것을 넣어도 좋아요.

맥주에 재운 닭구이

❶ 닭 다리는 뼈를 발라 내어 넓게 편다.

❷ 레몬은 즙을 낸다.

❸ 닭 다리에 맥주 1/2 캔, 다진 마늘 1, 굵은소금 1, 레몬즙, 후춧가루 약간을 섞은 양념장을 넣어 30분 정도 재운다.

❹ 양념에 재운 닭고기를 그릴이나 팬에 노릇하게 굽는다.

도루묵구이

요리 시간
20분

재료(4인분)
도루묵 8마리
굵은소금 약간

대체 식재료
도루묵 ▶ 전어

요리 팁
도마 위에 키친타월이나 쿠킹포일을 깔고 생선을 밑손질하면 편리하고 뒷정리도 편해요.

❶ 도루묵은 물에 씻어 키친타월로 물기를 제거하고 칼집을 넣어 굵은소금을 골고루 뿌린다.

❷ 꼬치에 도루묵을 한 마리씩 꿴다.

❸ 불에 올려 노릇노릇하게 굽는다.

요리 시간
20분

재료(4인분)
열빙어 20마리
굵은소금 약간

간장 양념 재료
간장 2
고추냉이 0.5

고추냉이 양념 재료
마요네즈 2
고추냉이 0.5

대체 식재료
고추냉이 ▶ 고추장

요리 팁
열빙어는 해동하지 않고 냉
동 상태로 구워야 모양을 살
려 먹음직스럽게 구울 수 있
어요.

열빙어구이

❶ 열빙어는 키친타월로
물기를 닦고 소금을 살짝
뿌린다.

❷ 열빙어는 석쇠에 앞뒤
로 노릇하게 구워 접시에
담는다.

❸ 간장 양념 재료인 간
장 2, 고추냉이 0.5를 섞
는다.

❹ 고추냉이 양념 재료인
마요네즈 2와 고추냉이
0.5를 섞어 열빙어구이에
곁들인다.

낙지 호롱구이

요리 시간
40분

주재료(4인분)
낙지 4마리
굵은소금 약간

양념장 재료
다진 마늘 1
다진 파 2
고추장 2
고춧가루 1
간장 0.5
설탕 1
물엿 1
참기름 1
깨소금 약간

대체 식재료
낙지 ▶ 주꾸미

요리 팁
나무젓가락에 낙지를 말 때 나무젓가락을 쪼개지 말고 그대로 사용하세요. 나무젓가락의 끝에 낙지머리를 꿰어 돌돌 말면 쉽게 말 수 있어요.

❶ 낙지는 굵은소금을 뿌려 바락바락 주물러 씻는다.

❷ 나무젓가락에 낙지를 돌돌 만다.

❸ 양념 재료인 다진 마늘 1, 다진 파 2, 고추장 2, 고춧가루 1, 간장 0.5, 설탕 1, 물엿 1, 참기름 1, 깨소금 약간을 섞는다.

❹ 숯불이나 그릴에 낙지를 돌려가며 굽고 양념장을 바른다.

요리 시간
30분

주재료(4인분)
새우 16마리
굵은소금 약간

소스 재료
스위트 칠리소스 4
다진 양파 1
소금·후춧가루 약간씩

대체 식재료
새우 ▶ 조개

요리 팁
새우는 중하로 준비하여 소금물에 씻어 건진 다음 내장을 제거하세요. 새우는 등 쪽에 내장이 있어 상하기 쉬우니 오래 보관할 때는 머리를 떼고 보관하세요.

새우 소금구이

❶ 새우는 등 쪽에 꼬치를 찔러 내장을 제거한다.

❷ 쿠킹포일을 깔고 굵은소금을 균일한 두께로 깐다.

❸ 소금 위에 새우를 올리고 앞뒤로 빨갛게 굽는다.

❹ 소스 재료인 스위트 칠리소스 4, 다진 양파 1, 소금과 후춧가루 약간씩을 섞어 새우구이에 곁들인다.

갈릭 쉬림프 꼬치구이

요리 시간
30분

재료(4인분)
껍질 벗긴 새우(큰 사이즈)
400g
다진 마늘 2큰술
레몬 1개
올리브오일 2큰술
다진 파슬리 약간
소금·후춧가루 약간

대체 식재료
다진 파슬리 ▶ 허브류

요리 팁
새우는 너무 오래 익히면 단
단하고 질겨지므로 오래 익
히지 않는다.

❶ 새우는 물기를 제거
한다.

❷ 다진 마늘, 레몬즙, 올
리브오일, 다진 파슬리,
소금, 후춧가루를 섞는다.

❸ 새우에 양념을 재워
10분 정도 둔다.

❹ 꼬치에 꽂아 그릴에 굽
는다.

요리 시간
40분

재료(2인분)
송어(필렛) 2장
레몬 1개
향신료(타임,파슬리등),
소금 약간
후추가루 약간
시더플랭크 1장

요리 팁
시더플랭크가 없다면 호일에
싸서 구워준다.

송어필렛 구이

❶ 송어는 필렛으로 준비
하여 소금, 후추가루, 허
브를 뿌리고 레몬은 슬라
이스한다.

❷ 시더플랭크는 물에 1
시간 정도 담가두었다가
건진다.

❸ 시더플랭크에 송어를
올리고 레몬을 올려준다.

❹ 그릴에서 뚜껑을 덮고
20-30분간 구워준다.

숯불 고갈비

요리 시간
30분

주재료(4인분)
고등어 2마리
대파 1대
깻잎 20장

양념 재료
다진 마늘 1
다진 파 2
고추장 2
고춧가루 1
설탕 1
물엿 1
참기름 1
깨소금 약간

대체 식재료
고등어 ▶ 삼치
대파 ▶ 실파

❶ 고등어는 씻어서 물기를 뺀다.

❷ 대파는 파채칼로 썰고 깻잎은 곱게 채 썰어 접시에 담는다.

❸ 양념 재료인 다진 마늘 1, 다진 파 2, 고추장 2, 고춧가루 1, 설탕 1, 물엿 1, 참기름 1, 깨소금 약간을 섞는다.

❹ 숯불이나 그릴에 고등어를 초벌 구워 양념을 골고루 발라 굽고 깻잎채 위에 올린 다음 실파를 넉넉히 뿌린다.

요리 시간
30분

재료(4인분)
감자 4개
고구마 4개

대체 식재료
감자, 고구마
▶ 단호박, 옥수수

요리 팁
감자와 고구마 큰 것은 오래 구워야 하니 반으로 잘라서 쿠킹포일에 싸서 구우세요. 고구마보다 감자 익는 시간이 오래 걸리니 젓가락으로 찔러보아 익었는지 확인하며 구우세요. 또 숯불에 구울 때에는 돌려가며 구워야 속까지 골고루 익어요.

통감자구이와
통고구마구이

Another Recipe

남은 감자와 고구마 요리

구워 먹고 남은 감자와 고구마는 큼직하게 잘라서 밥에 넣으면 감자밥과 고구마밥이 돼요. 밥을 지을 때 소금을 약간 넣으면 훨씬 맛있어요. 으깨어 우유를 넣어 수프를 끓여도 좋고 쌀과 함께 끓여서 죽으로 만들어 먹어도 좋아요.

❶ 감자와 고구마는 껍질째 깨끗하게 씻어 쿠킹포일로 싼다.

❷ 숯불 위에 올려 노릇하게 익힌다.

마늘 은행 버터구이

25

요리 시간
30분

재료(4인분)
통마늘 20쪽
은행 20알
버터 적당량
소금 약간

대체 식재료
은행 ▶ 햄

요리 팁
은행은 속껍질을 벗겨서 준비해 가면 조리 시간이 단축돼요. 또 남은 은행은 볶음 요리에 넣거나 밥에 넣으면 은행밥을 지을 수 있고 곱게 다져 은행죽을 끓여도 돼요.

❶ 마늘은 껍질을 벗긴다.

❷ 은행은 팬에 볶아 껍질을 벗긴다.

❸ 마늘과 은행을 버터에 버무려 꼬치에 꿴다.

❹ 마늘과 은행을 꿴 꼬치에 소금을 뿌리고 약한 불에 돌려가며 고루 굽는다.

통가지구이

요리 시간
30분

재료(4인분)
가지 4개
소금·후춧가루 약간씩

대체 식재료
가지 ▶ 파프리카

요리 팁
가지는 껍질을 벗기고 어슷하게 썰어서 간장, 물엿, 설탕을 넣어 조리면 부드러운 조림이 되고 껍질째 도톰하게 썰어서 밀가루옷을 입혀서 전을 부치거나 쇠고기, 돼지고기를 볶을 때 넣어도 좋아요.

Another Recipe

남은 가지 요리

구워서 껍질을 벗긴 가지는 속살만 으깨어 소금, 후춧가루로 간하여 바게트나 샌드위치빵에 스프레드로 사용하세요. 또는 으깬 가지에 다진 쇠고기와 다진 돼지고기를 섞어 완자를 만들어 밀가루, 달걀옷을 입혀 전을 부치거나 밀가루, 빵가루를 입혀서 튀겨도 맛있어요.

❶ 가지는 물에 씻어 숯불 위에 올리고 중간 중간 돌려가며 껍질을 태워 익힌다.

❷ 한 김 식으면 탄 가지 껍질을 얇게 벗겨내고 소금과 후춧가루로 간한다.

밥과 찌개 30

Part 2. 집밥 보다 맛있는 캠핑 요리

캠핑 파에야

해산물은 밑 손질을 할 때 물이 많이 필요하므로 미리 집에서 손질해 가면 좋아요.
비닐백이나 밀폐용기에 담아 얼려서 아이스박스에 담아 가져가면 편리해요.
아이스박스가 크지 않다면 해산물은 스티로폼 박스에 담아 가도 어느 정도 선도를 유지할 수 있어요.

요리 시간
30분

주재료(4인분)
바지락 1봉(200g)
오징어 1/2마리
새우 6마리
양송이버섯 2개
방울토마토 3개
양파 1/2개, 마늘 2쪽
올리브오일 적당량
쌀 2컵, 카레가루 1
물 2컵

대체 식재료
물 2컵
▶ 다시마 우린 물 2컵

❶ 바지락은 옅은 소금물에 담가 해감하고 오징어는 안쪽에 칼집을 넣어 굵게 채 썰고 새우는 껍질을 벗긴다.

❷ 양송이버섯은 모양대로 썰고 방울토마토는 반으로 자른다.

❸ 양파는 굵게 다지고 마늘은 편으로 썬다.

❹ 팬을 달구어 올리브오일을 두르고 다진 양파와 편으로 썬 마늘을 넣어 볶다가 해물을 넣어 조개 입이 벌어질 때까지 볶는다.

❺ 불린 쌀을 넣고 투명해질 때까지 볶다가 카레가루를 넣어 볶는다.

❻ 물 2컵과 양송이버섯, 방울토마토를 넣어 밥을 짓는다.

캠핑 쌈밥

요리 시간
40분

주재료(4인분)
밥 3공기
소금·참기름·깨소금 약간씩
양배추 1/4통
깻잎 20장
참치(통조림) 1통

쌈장 재료
된장 1
마요네즈 2
다진 풋고추·홍고추 1/2개씩
검은깨 약간

대체 식재료
깻잎 ▶ 취나물 1줌(80g)

요리 팁
찜통이 없을 때에는 물을 자작하게 붓고 양배추 위에 쌈 채소를 올려 살짝 끓이듯이 찌세요.

❶ 밥에 소금, 참기름, 깨소금을 약간씩 넣어 섞는다.

❷ 양배추와 깻잎은 찌거나 삶는다.

❸ 참치는 기름기를 빼고 곱게 으깬다.

❹ 참치에 쌈장 재료인 된장 1, 마요네즈 2, 다진 풋고추와 홍고추 1/2개씩, 검은깨 약간을 섞어 곁들인다.

요리 시간
25분

재료(4인분)
밥 4공기
후리가케 약간
참기름 약간
맛김 1봉

대체 식재료
밥 ▶ 즉석밥

요리 팁
후리가케는 김가루, 깨소금,
가다랑어포 등을 섞은 양념
으로 밥에 비비거나 뿌려 먹
어요.

김가루
폭탄 주먹밥

03

❶ 따끈한 밥에 후리가케
와 참기름을 약간씩 넣어
골고루 섞는다.

❷ 맛김은 비닐백에 넣어
부수거나 가위로 곱게 채
썬다.

❸ 밥을 한입 크기로 뭉
친다.

❹ 뭉친 밥을 김가루 위에
굴린다.

바지락 쌈장과 밥

누가 해도, 대충 만들어도 모두가 좋아하는 베스트 캠핑 메뉴예요.
캠핑장에서 만들기 번거롭다면 미리 만들어 가져가도 좋아요. 쌈밥으로 먹어도 좋고
기 쌈장으로도 활약하지요. 바지락 쌈장은 개인접시에 먹을 만큼씩 덜어 드세요.
아이들이 먹을 때에는 매운맛을 줄이고 된장을 더 넣으세요.
또 해산물을 보관할 때 비린내가 나면 양념장을 약간
더해 진하게 만들면 비린 맛이 줄어요.

요리 시간
30분

주재료(4인분)
바지락살 100g
풋고추·홍고추 2개씩
식용유 적당량
참기름·후춧가루 약간씩
깨소금 약간

양념장 재료
다진 파 2
다진 마늘 1
다진 생강 약간
고추장 3
고춧가루 1
된장 2
간장 1
청주 2

대체 식재료
바지락살
▶ 개조갯살, 새우살

❶ 바지락살은 물에 깨끗이 씻어 물기를 뺀다.

❷ 풋고추와 홍고추는 씨째 곱게 다진다.

❸ 양념장 재료인 다진 파 2, 다진 마늘 1, 다진 생강 약간, 고추장 3, 고춧가루 1, 된장 2, 간장 1, 청주 2를 섞는다.

❹ 바지락살에 양념장을 반만 넣어 버무린다.

❺ 식용유를 두른 팬에 양념한 바지락살을 넣어 볶다가 남겨둔 양념장을 마저 넣어 볶는다.

❻ 다진 풋고추와 홍고추를 넣어 볶다가 불을 끄고 참기름, 후춧가루, 깨소금을 약간씩 넣어 버무린다.

매실 장아찌 주먹밥구이

05

요리 시간
30분

주재료(4인분)
밥 4공기
참기름·소금 약간씩
매실 장아찌 적당량
식용유 적당량

양념장 재료
간장 2
맛술 1
설탕 0.3
참기름 1

대체 식재료
매실 장아찌 ▶ 고추 장아찌

요리 팁
일회용 장갑을 끼고 밥을 뭉치면 위생적이고 편리하지만, 없을 때는 비닐백에 밥을 올리고 장아찌를 넣어 비닐백을 쥐고 뭉쳐서 모양을 잡아도 돼요.

❶ 따끈한 밥에 참기름과 소금을 약간씩 넣어 골고루 섞고 매실 장아찌는 곱게 다진다.

❷ 밥을 동그랗게 펼치고 다진 매실 장아찌를 넣고 삼각형 모양으로 만든다.

❸ 양념장 재료인 간장 2, 맛술 1, 설탕 0.3, 참기름 1을 섞는다.

❹ 그릴이나 팬에 주먹밥을 올려 양념장을 두세 번 바르며 노릇노릇하게 굽는다.

요리 시간
30분

주재료(4인분)
쌀 2컵
취나물 2줌(160g)
물 2컵
소금 약간

양념장 재료
간장 3
고춧가루 1
참기름 1
통깨 1
송송 썬 실파 4

대체 식재료
취나물 ▶ 곤드레나물

요리 팁
쌀과 나물을 챙겨 가기 힘들 때에는 쌀에 나물이 섞여 있어 바로 밥을 지을 수 있는 시판 제품을 활용하세요.

나물 솥밥

06

❶ 쌀은 물에 씻어 불린다.

❷ 나물은 다듬어 씻어 찬물에 헹궈 물기를 빼고 먹기 좋은 크기로 자른다.

❸ 냄비에 불린 쌀, 물 2컵, 나물을 넣고 밥을 짓는데, 밥물이 끓으면 중간 불로 줄여 2~3분 더 가열한 뒤 뜸을 들이고 주걱으로 살살 섞는다.

❹ 양념장 재료인 간장 3, 고춧가루 1, 참기름 1, 통깨 1, 송송 썬 실파 4를 섞어 양념장을 곁들인다.

신김치로 만드는 김치밥

07

요리 시간
30분

주재료(4인분)
쌀 2컵
신 배추김치 1/4포기
양파 1/4개
실파 약간
참기름 약간
물 2컵

양념장 재료
간장 2
깨소금·참기름 약간씩

대체 식재료
실파 ▶ 대파

요리 팁
캠핑 요리에는 맛김치를 활용해도 좋아요. 김치만 먹고 김치 국물만 남았다면 갖가지 채소를 넣고 김치 국물만 넣어 밥을 해도 돼요.

❶ 쌀은 물에 씻어 20분 정도 불린다.

❷ 신 배추김치와 양파는 굵직하게 다지고 실파는 송송 썰고 간장 2, 깨소금과 참기름 약간씩을 섞어 양념장을 만든다.

❸ 냄비에 참기름을 두르고 배추김치와 양파를 넣어 중간 불로 달달 볶다가 불린 쌀을 넣고 쌀이 기름에 살짝 코팅되면 물 2컵을 넣어 밥을 지어 양념장을 넣고 고루 섞는다.

요리 시간
35분

주재료(4인분)
쌀 2컵
오징어 1/2마리
새우살 1컵
소금 약간
당근 약간
생강절임·실파 약간씩
다시마(10×10cm) 1장

밥 양념 재료
간장 2
맛술 1
물 2컵
소금 약간

대체 식재료
오징어 ▶ 낙지, 주꾸미

요리 팁
코펠에 밥을 하면 냄비 바닥
이 얇아서 밥이 설거나 타기
쉬워요. 쌀을 충분히 불려 밥
을 하고 냄비에는 너무 많은
양의 밥을 짓지 마세요. 또 찬
물보다는 뜨거운 물을 부어
밥을 하면 밥이 잘돼요.

해산물이 가득한 해물밥

08

❶ 쌀은 물에 씻어 20분 정
도 불린다.

❷ 오징어는 껍질을 벗겨
먹기 좋은 크기로 썰고
새우살은 옅은 소금물에
헹구어 건지고 당근은 껍
질을 벗겨 굵게 다진다.

❸ 생강절임은 곱게 다지
고 실파는 송송 썬다.

❹ 냄비에 쌀, 오징어, 새
우살, 당근, 다시마와 밥
양념 재료인 간장 2, 맛술
1, 물 2컵, 소금 약간을 넣
어 밥을 지어 고루 섞은
다음 생강절임과 실파를
넣어 한 번 더 섞는다.

문어 해초밥

한국인에게 밥은 언제, 어디서나 특별한 의미가 있어요. 맛있는 요리가 아무리 많아도
따끈한 밥 한 그릇이 없으면 아쉬움이 남아요. 문어와 해초를 넣어 만든 밥은 한 그릇 보양식이에요.
미역과 톳은 따로 손질하기 어려우면 여러 가지 해초류를 말린 것으로 한 봉 구입해서 넣으세요.

요리 시간
35분

주재료(4인분)
쌀 2컵
문어 200g
소금 약간
미역 2
톳 1
물 2컵

양념장 재료
간장 3
참기름 1
맛술 1
깨소금 0.5
송송 썬 부추 3

대체 식재료
문어 ▶ 낙지, 주꾸미
톳 ▶ 다시마채

❶ 쌀은 씻어서 20분 정도 물에
불린다.

❷ 문어는 엷은 소금물에 씻어
먹기 좋은 크기로 썬다.

❸ 미역과 톳은 각각 불려 물기
를 짜고 미역은 먹기 좋은 크기
로 썬다.

❹ 냄비에 쌀과 문어, 미역, 톳
을 넣고 물 2컵과 소금을 약간
넣고 밥을 짓는다.

❺ 밥이 뜸이 들면 주걱으로 고
루 섞는다.

❻ 양념장 재료인 간장 3, 참기
름 1, 맛술 1, 깨소금 0.5, 송송
썬 부추 3을 섞어 양념장을 만
들어 곁들인다.

콩나물 국밥

요리 시간
30분

주재료(4인분)
콩나물 300g
다시마 우린 물 8컵
국간장 1
다진 마늘 1
소금 약간
밥 2공기
달걀 4개

곁들임 재료
다진 신 배추김치 1/2컵
다진 청양고추 2
송송 썬 대파 3
고춧가루·통깨·새우젓
약간씩

대체 식재료
다시마 우린 물 ▶ 물

요리 팁
다시마 우린 물을 따로 만들기 번거롭다면 콩나물에 물과 다시마를 넣고 한꺼번에 끓이세요. 다시마는 버리지 말고 건져서 채 썰어 국밥에 곁들이면 좋아요.

❶ 냄비나 뚝배기에 콩나물과 다시마 우린 물을 넣어 뚜껑을 덮고 5분 정도 끓인다.

❷ 콩나물은 건져내고 국간장 1, 다진 마늘 1, 소금 약간을 넣어 간한다.

❸ 국물에 밥을 넣어 살짝 끓이고 건져놓았던 콩나물을 다시 넣고 한소끔 끓여 달걀을 넣는다.

❹ 곁들임 재료인 다진 신배추김치 1/2컵, 다진 청양고추 2, 송송 썬 대파 3, 고춧가루와 통깨, 새우젓약간씩을 섞어 곁들인다.

요리 시간
30분

재료(4인분)
새송이버섯 2개
양송이버섯 4개
감자(큰 것) 1개
당근 1/4개
양파 1개
피망 1개
식용유 적당량
물 3컵
짜장가루(4~5인용) 1봉
밥 4공기

요리 팁
찬밥에 뜨거운 짜장 소스를 올리면 차가워지니 밥은 냄비에 담아 뜨거운 물을 약간 부어 뚜껑을 덮고 뜸을 들이세요. 밥이 약간 데워지면 그릇에 담고 짜장 소스를 올리세요.

버섯 짜장밥

❶ 새송이버섯, 양송이버섯, 감자, 당근, 양파, 피망은 비슷한 크기로 썬다.

❷ 팬에 식용유를 두르고 감자, 당근, 양파를 넣어 볶다가 새송이버섯, 양송이버섯, 피망을 넣고 볶다가 물 3컵을 붓는다.

❸ 물이 끓기 전에 짜장가루를 넣어 잘 풀고 끓기 시작하면 바닥에 눌어붙지 않도록 저어가며 끓인다.

❹ 그릇에 밥을 담고 짜장 소스를 끼얹는다.

쇠고기 덮밥

밥, 국, 반찬 그리고 김치를 차려내야 하는
한식 밥상 대신 한 그릇으로 해결하는 대표적인 일품요리가
쇠고기 덮밥이에요. 바비큐용으로 재운 불고기를 준비했다면
꼭 덮밥을 만들어 드세요. 쇠고기 덮밥은 누워서 식은 죽 먹기처럼
손쉽게 만들 수 있어요. 우동 소스는 간장에 가츠오부시 추출액과
다랑어 추출 분말 등으로 만든 간편 소스예요. 우동 국물이나
어묵탕, 덮밥 소스로 활용하면 간단하게 깊은 맛을 낼 수 있어요.

요리 시간
30분

주재료(4인분)
쇠고기(불고기용) 200g
달걀 3개
양파 1개
팽이버섯 1봉
실파 8대
밥 2공기

덮밥 국물 재료
우동 소스 1/4컵
물 2컵
소금·후춧가루 약간씩

대체 식재료
우동 소스
▶ 가츠오부시 국물 2컵 +
간장·맛술·설탕 약간씩

❶ 쇠고기는 먹기 좋은 크기로 썬다.

❷ 달걀은 잘 푼다.

❸ 양파는 반으로 잘라 채 썰고 팽이버섯은 밑동을 자르고 실파는 3cm 길이로 썬다.

❹ 냄비에 우동 소스 1/4컵과 물 2컵을 넣어 끓이다가 쇠고기와 양파를 넣어 거품을 걷어내며 5분 정도 끓여 소금과 후춧가루로 간한다.

❺ 쇠고기가 익으면 실파와 팽이버섯을 넣고 달걀물을 두르고 젓가락으로 살살 뒤섞어 불에서 내려 따끈한 밥에 얹는다.

두반장 채소볶음 덮밥

여러 가지 양념을 준비하는 것이 번거롭다면 냉장고에서 한 봉지 양념으로 해답을 찾아보세요.
마파두부를 할 수 있는 양념 한 봉지를 활용하면 이런저런 양념 없이도 만들 수 있어요.
남은 채소볶음은 생채소를 채 썰어 넣어 비빔밥이나 두부를 더 넣어 만들어 먹어도 좋아요.
밥 위에 채소를 올리는 대신 우동을 넣어 볶으면 두반장 우동볶음이 돼요.
또 녹말물 1은 녹말가루 1과 물 2를 섞어 만드세요.

요리 시간
20분

주재료(4인분)
양배추 3장
피망·빨강 피망·양파 1/2개씩
당근 1/6개
대파 1/4대
마늘 3쪽
생강 1톨
식용유 적당량

간 돼지고기 100g
소금·청주·후춧가루 약간씩
물 1컵
녹말물 1
참기름 약간
밥 3공기

두반장 소스 재료
두반장 1.5
간장 2
청주 2
설탕 0.3

대체 식재료
두반장 ▶ 굴소스

❶ 양배추는 납작하게 썰고 피망, 빨강 피망, 양파, 당근도 비슷한 크기로 썰고 대파, 마늘, 생강은 채 썬다.

❷ 두반장 소스 재료인 두반장 1.5, 간장 2, 청주 2, 설탕 0.3을 섞는다.

❸ 팬을 달구어 식용유를 두르고 대파, 마늘, 생강을 볶다가 돼지고기를 넣고 소금, 청주, 후춧가루로 간한다.

❹ 돼지고기가 익으면 양파, 대파, 당근을 넣어 볶다가 양파가 투명해지면 양배추와 피망, 빨강 피망을 넣고 살짝 볶는다.

❺ 물 1컵을 붓고 두반장 소스를 넣고 바글바글 끓으면 녹말물 1을 넣어 걸쭉하게 만든다.

❻ 참기름을 두르고 밥 위에 끼얹는다.

일본풍 옥수수 카레

14

커리는 인도나 동남아시아에서 주로 먹는데 일본식 카레라는 새로운 요리가 만들어졌지요.
향이 진한 동남아식 향신료를 조금 빼고 우리 입맛에 맞는 일본풍 카레를 만들어보았어요.
몇 가지 향신료를 첨가했지만 구하기 어렵다면 인스턴트 카레를 활용하거나 시판되는 태국식 커리를
사용해도 좋아요. 커민이나 코리앤더가루 등의 향신료가 없을 때에는 커민, 후추, 계피 등을 섞은
가람 마살라나 인스턴트 카레가루를 넣으세요. 터메릭은 강황, 울금이라고도 해요.

요리 시간
30분

주재료(4인분)
옥수수(통조림) 1통
밥 4공기

카레 소스 재료
식용유 2, 커민 1
다진 양파 4
다진 마늘 2
다진 생강 0.5
터메릭 1
코리앤더가루 2
토마토케첩 4
물 1컵+1/2컵
소금 1, 후춧가루 약간

대체 식재료
커민, 터메릭, 코리앤더가루
▶ 인스턴트 카레가루

❶ 팬에 식용유 2와 커민 1을 넣어 볶다가 다진 양파를 넣고 흐물흐물해질 때까지 센 불로 볶는다.

❷ 다진 마늘 2와 다진 생강 0.5를 넣고 중간 불로 볶는다.

❸ 갈색이 돌면 터메릭 1과 코리앤더가루 2를 넣어 볶는다.

❹ 토마토케첩 4를 넣어 볶다가 물 1컵+1/2컵을 넣어 끓인다.

❺ 국물이 끓으면 옥수수를 넣어 끓인다.

❻ 소금 1과 후춧가루로 간해서 따끈한 밥에 곁들인다.

참치
고추장
찌개

요리 시간
30분

재료(4인분)
델큐브 참치(통조림) 1통
감자 2개
대파 1/2대
홍고추 1개
풋고추 1개
물 6컵
시판용 찌개 양념 3

요리 팁
시판용 찌개 양념은 편리하게
사용할 수 있지만 집집마다
입맛이 다르니 기호에 따라
고춧가루나 간장 등을 첨가하
여 입맛에 맞게 끓이세요.

❶ 참치는 물기를 뺀다.

❷ 감자는 네모지게 썰고
대파, 홍고추, 풋고추는
어슷하게 썬다.

❸ 냄비에 물 6컵을 부어
끓으면 시판용 찌개 양념
3을 넣어 풀고 감자를 넣
어 익힌다.

❹ 감자가 거의 익으면 참
치, 대파, 홍고추, 풋고추
를 넣어 한소끔 끓인다.

요리 시간
30분

재료(4인분)
꽁치(통조림) 1통
포장김치(작은 것) 1봉
풋고추 1개
홍고추 1개
대파 1/2대
식용유 1
물 4컵
다진 마늘 1
소금·후춧가루 약간씩

대체 식재료
포장김치 1봉
▶ 신 배추김치 1/4포기

요리 팁
신 배추김치는 뚜껑을 덮고 끓이면 신맛이 없어지지 않으니 뚜껑을 열고 끓이고 신맛이 강할 때에는 설탕을 약간 넣으세요.

꽁치 김치찌개

❶ 꽁치는 통조림의 기름을 따라내고 배추김치는 소를 대강 털어내고 3cm 폭으로 썰고 풋고추, 홍고추, 대파는 어슷하게 썬다.

❷ 냄비에 식용유를 두르고 뜨겁게 달구어 배추김치를 넣어 부드러워질 때까지 볶다가 물 4컵을 부어 센 불로 끓인다.

❸ 국물이 끓어오르면 꽁치를 넣어 불을 줄이고 푹 끓인다.

❹ 10분 정도 지나면 풋고추, 홍고추, 대파를 넣고 다진 마늘 1을 넣은 다음 소금과 후춧가루로 간한다.

캠핑 찌개

돼지고기 목살을 두툼하게 썰어 걸쭉하게 끓이는 캠핑 찌개예요.
캠핑 찌개에 넣을 재료는 너무 작게 썰지 말고 큼직하게 썰어주세요.
전날 저녁에 구워 먹다 남은 목살이나 삼겹살구이를 넣어도 좋아요.

요리 시간
30분

대체 식재료
느타리버섯 ▶ 팽이버섯

재료(4인분)
돼지고기 목살 200g
감자 1개
양파 1/2개
느타리버섯 1/2팩
대파 1대
청양고추 2개

식용유 적당량
다진 마늘 0.5
고추장 3
고춧가루 1
국간장 1
소금·후춧가루 약간씩

요리 팁
여러 가지 양념을 챙겨 가기
번거로우면 시판 찌개용 양
념장을 활용하고 기호에 맞
게 고추장, 고춧가루, 소금으
로 간을 하세요.

❶ 돼지고기는 큼직하게 썰고
감자는 반으로 잘라 썰고 양파
는 도톰하게 채 썬다.

❷ 느타리버섯은 씻어 가닥가
닥 떼고 대파와 청양고추는 어
슷하게 썬다.

❸ 냄비에 식용유를 두르고 돼
지고기와 다진 마늘 0.5를 넣어
볶다가 돼지고기의 겉면이 익
으면 감자, 양파를 넣고 볶는다.

❹ 재료가 잠길 정도로 물을 붓
고 고추장 3과 고춧가루 1을 넣
어 끓인다.

❺ 한소끔 끓으면 느타리버섯,
대파, 청양고추를 넣고 끓인다.

❻ 국간장 1, 소금과 후춧가루
로 간한다.

양념 한 봉지 된장찌개

18

요리 시간
20분

재료(4인분)
두부 1/2모
애호박 1/4개
감자 1개
팽이버섯 1봉
풋고추 1개
물 3컵
냉이 된장찌개 양념 1봉

요리 팁
시판 양념 대신 된장으로 끓일 때에는 된장에 고춧가루를 약간 넣고 다진 마늘, 다진 파를 넣어 끓이세요.

❶ 두부는 큼직하게 썰고 애호박은 반달썰기한다.

❷ 감자는 껍질을 벗겨 얇게 썰고 팽이버섯은 밑동을 잘라내고 풋고추는 송송 썬다.

❸ 냄비에 물 3컵을 붓고 냉이 된장찌개 양념을 넣어 끓이다가 감자와 호박을 넣어 끓인다.

❹ 감자가 익으면 두부, 팽이버섯, 풋고추를 넣어 3분 정도 더 끓인다.

요리 시간
30분

주재료(4인분)
햄(통조림) 1통
비엔나소시지 8개
당면 50g
포장김치(작은 것) 1/2봉
양파 1/4개
팽이버섯 1봉
대파 1/2대
쑥갓 1줌
베이크드빈(통조림) 1/3통
물 6컵

양념장 재료
고추장 1
고춧가루 2
국간장 2
맛술 1
다진 마늘 2
소금·후춧가루 약간씩

대체 식재료
포장김치 1/2봉
▶ 신 배추김치 1/8포기

햄 전골

❶ 햄은 큼직하게 썰고 비엔나소시지는 어슷하게 썰고 당면은 찬물에 불려 먹기 좋은 길이로 썬다.

❷ 포장김치는 3cm 길이로 썰고 양파는 채 썰고 팽이버섯은 밑동을 잘라 내고 대파는 어슷하게 썰고 쑥갓은 씻어 적당한 길이로 썬다.

❸ 양념장 재료인 고추장 1, 고춧가루 2, 국간장 2, 맛술 1, 다진 마늘 2, 소금과 후춧가루 약간씩을 섞는다.

❹ 준비한 재료를 냄비에 돌려 담고 물 6컵과 양념장을 넣어 끓이다가 당면을 넣고 소금과 후춧가루로 간하고 쑥갓을 올린다.

해물 채소 섞어찌개

시원한 국물 요리를 하나만 준비해도 반찬이 필요 없지요. 맛내기에 자신 없다면
해물과 채소 섞어찌개를 끓이세요. 양념을 많이 하지 않아도 맛내기가 쉬워요. 해산물은 물에 많이
씻으면 오히려 비린내가 날 수 있는데, 씻어서 키친타월에 올려 물기를 빼면 비린내가 덜 나요.
바지락은 미리 옅은 소금물에 담가 해감하여 물기를 빼서 비닐백에 담아 준비하면 편리해요.

요리 시간
30분

주재료(4인분)
오징어 1마리
새우 8마리
바지락 1봉
소금 약간
무(2cm) 1토막
양파 1/2개, 쑥갓 1줌
풋고추·홍고추 1개씩
대파 1대
물 3컵

양념장 재료
고추장 1
고춧가루 1.5
청주 1
국간장 2
다진 마늘 2
소금·후춧가루 약간씩

대체 식재료
오징어 ▶ 주꾸미, 낙지

❶ 오징어는 내장을 빼고 몸통은 반으로 갈라 쭉 펴서 안쪽에 칼집을 넣어 먹기 좋은 크기로 썬다.

❷ 새우는 등 쪽 가운데를 꼬치로 찔러 검은 내장을 빼내어 껍데기째 씻고 바지락은 옅은 소금물에 담가 해감한다.

❸ 무는 납작하게 썰고 양파는 굵게 채 썰고 쑥갓은 씻어 물기를 빼고 풋고추, 홍고추, 대파는 어슷하게 썬다.

❹ 양념장 재료인 고추장 1, 고춧가루 1.5, 청주 1, 국간장 2, 다진 마늘 2, 소금과 후춧가루 약간씩을 섞는다.

❺ 냄비에 물 3컵을 붓고 무를 넣어 팔팔 끓이다가 무가 투명하게 익으면 양념장을 풀어 끓이고 오징어, 새우, 바지락, 양파를 한꺼번에 넣어 익힌다.

❻ 해물이 익으면 풋고추, 홍고추, 대파, 쑥갓을 얹고 소금으로 간한다.

북어 해장국

요리 시간
25분

주재료(4인분)
황태포 2줌
무(2cm) 1토막
두부(작은 것) 1모
달걀 2개
대파 1/2대
물 6컵
국간장 1
소금·후춧가루 약간씩

황태포 양념 재료
다진 파 1
다진 마늘 1
깨소금 1
참기름 1
소금·후춧가루 약간씩

요리 팁
대파 ▶ 양파, 실파

❶ 황태포는 물에 살짝 담갔다가 물기를 꼭 짜서 다진 파 1, 다진 마늘 1, 깨소금 1, 참기름 1, 소금과 후춧가루 약간씩을 넣어 조물조물 무친다.

❷ 무는 납작하게 썰고 두부는 도톰하게 썰고 달걀은 잘 풀고 대파는 어슷하게 썬다.

❸ 냄비에 양념한 황태포를 넣어 달달 볶다가 무를 넣어 볶은 다음 물 6컵을 붓고 무가 부드럽게 익을 때까지 은근한 불로 끓인다.

❹ 두부와 국간장 1을 넣고 달걀물을 부어 살짝 끓여 소금과 후춧가루로 간한 다음 대파를 넣어 한소끔 끓인다.

달걀 팟국

요리 시간
20분

재료(4인분)
실파 50g
홍고추 1개
달걀 4개
청주 1
소금 약간
멸치 한스푼 2
물 4컵

대체 식재료
멸치 한스푼 ▶ 국간장

요리 팁
달걀물을 넣은 다음 휘휘 젓지 말고 그대로 두어야 국물이 탁해지지 않아요.

❶ 실파는 3cm 길이로 썰고 홍고추는 어슷하게 썬다.

❷ 달걀은 멍울 없이 잘 풀어 청주 1과 소금으로 간한다.

❸ 달걀물에 실파를 넣고 가볍게 섞는다.

❹ 냄비에 물 4컵과 멸치 한스푼 2를 넣어 끓으면 달걀물을 부어 3분 정도 끓이다가 홍고추를 넣고 불을 끈다.

해장 뭇국

말갛게 끓인 뭇국이나 고춧가루를 넣어 끓인 뭇국도 해장국으로 좋아요.
빨리 끓이는 것보다 무가 무르게 푹 끓여야 뭇국의 제맛을 느낄 수 있어요.
아침부터 오징어를 손질하는 게 내키지 않으면 마른 북어나 표고버섯으로 대체하세요.
참기름을 두르고 무를 달달 볶으면 기름이 뜨지 않고 깨끗하면서 진한 맛이 나요.
물은 한꺼번에 많이 넣지 말고 일부만 부어 끓이다가 추가해서 넣으면 더 빨리 끓일 수 있어요.

요리 시간
30분

주재료(4인분)
오징어 1마리
무(3cm) 1토막
두부 1/4모
대파 1/4대
참기름 1
물 6컵, 국간장 1
다진 마늘 1
소금·후춧가루 약간씩

대체 식재료
오징어 ▶ 표고버섯

❶ 오징어는 내장을 제거하고 깨끗하게 손질하여 한입 크기로 네모나게 자른다.

❷ 무와 두부는 깍두기 모양으로 썰고 대파는 어슷하게 썬다.

❸ 냄비에 참기름 1을 두르고 달구어 무를 넣어 볶는다.

❹ 무가 말갛게 익으면 물 6컵을 부어 끓인다.

❺ 국물이 끓으면 오징어를 넣고 국간장 1을 넣어 끓인다.

❻ 무가 다 익으면 두부, 대파, 다진 마늘 1을 넣고 끓여 소금과 후춧가루로 간한다.

여러 가지 어묵국

요리 시간
25분

주재료(4인분)
여러 가지 어묵 1팩
무(2cm) 1토막
대파 1/2대
다진 마늘 0.3
후춧가루 약간

국물 재료
물 6컵
멸치가루 1
소금 약간

대체 식재료
무 ▶ 두부

요리 팁
멸치가루 대신 어묵 안에 들어 있는 분말수프를 활용하거나 우동 소스를 넣어도 돼요

❶ 어묵은 여러 가지 종류가 들어 있는 것으로 준비하여 큰 어묵은 한입 크기로 자른다.

❷ 무는 납작하게 썰고 대파는 어슷하게 썬다.

❸ 냄비에 물 6컵과 멸치가루 1을 넣어 끓인다.

❹ 팔팔 끓으면 무를 넣어 끓이다가 어묵을 넣어 끓인 다음 대파와 다진 마늘 0.3을 넣고 소금과 후춧가루로 간한다.

 **조개탕**

요리 시간
20분

재료(4인분)
모시조개 2봉
소금 약간
풋고추 1/2개
홍고추 1/2개
대파 1/2대
물 4컵
다진 마늘 1

대체 식재료
모시조개 ▶ 바지락, 재첩

요리 팁
조개는 씻어서 끓여 완전히
식힌 다음 국물과 조개를 함
께 냉동고에 얼려 가져가세
요. 캠핑장에서는 해동시켜
끓이다가 소금, 후춧가루, 대
파 등을 넣어 간하면 재빨리
끓일 수 있어요.

❶ 모시조개는 옅은 소금
물에 담가 해감하여 깨끗
이 씻는다.

❷ 풋고추와 홍고추는 어
슷하게 썰고 대파는 송송
썬다.

❸ 냄비에 모시조개를 담
고 물 4컵을 부어 끓기
시작하면 불을 줄이고 거
품을 걷어낸다.

❹ 국물이 뽀얗게 우러나
면 다진 마늘 1, 풋고추,
홍고추를 넣고 소금으로
간하여 대파를 올린다.

빨간 어묵탕

일본에는 몇 백 년을 이어오는 우동 국물이 유명하다죠.
우리집 캠핑 요리에는 하루를 책임지는 국이 있다면 어묵탕이에요. 한 솥 끓여서
국으로 먹고 저녁에는 술안주로, 다음 날에는 죽이나 국수를 끓여 먹어도 좋아요.
특히 날씨가 쌀쌀해지면 더 인기 있는 메뉴예요. 어묵탕에 넣는 떡은 너무
오래 끓으면 쫄깃한 맛이 덜하니 먹기 직전에 살짝 익혀 드세요.

요리 시간
35분

주재료(4인분)
곤약 1/2봉
가래떡 1줄
어묵(긴 것) 8개
무(2cm) 1토막
대파 1대
꽃게 1마리
마른 고추 2개
물 8컵

양념장 재료
고춧가루 1
멸치액젓 2
맛술 1
소금 약간

대체 식재료
멸치액젓 ▶ 국간장, 소금

❶ 곤약과 가래떡은 어묵 길이로 썰어 어묵, 곤약, 가래떡을 각각 꼬치로 꽂는다.

❷ 무는 큼직하게 썰고 대파는 어슷하게 썬다.

❸ 꽃게는 깨끗하게 씻는다.

❹ 양념 재료인 고춧가루 1, 멸치액젓 2, 맛술 1, 소금 약간을 섞는다.

❺ 냄비에 물 8컵을 붓고 무, 꽃게, 마른 고추를 넣어 끓인다.

❻ 국물이 끓으면 양념장을 풀고 꼬치를 넣어 10분 정도 끓이다가 대파를 넣고 소금으로 간한다.

미역 된장죽

27

요리 시간
20분

재료(4인분)
불린 미역 1컵
물 6컵
된장 3
밥 2공기
송송 썬 실파 약간
깨소금 약간
소금 약간

요리 팁
남은 찬밥으로 끓여도 되고
밥이 없으면 쌀을 불려 끓여
도 돼요. 실파가 없으면 넣지
않아도 돼요.

❶ 불린 미역은 송송 썬다.

❷ 냄비에 물 6컵을 붓고
된장 3을 풀어 끓인다.

❸ 미역을 넣어 5분 정도
끓인다.

❹ 밥을 넣고 중간 불에서
눌어붙지 않게 저으면서
끓이다가 깨소금을 넣고
소금으로 간하고 실파를
뿌린다.

요리 시간
25분

재료(4인분)
참치(통조림) 1통
양파 1/4개
호박 1/8개
당근 약간
참기름 1
물 4컵
밥 2공기
달걀 2개
소금 약간
통깨 약간

요리 팁
죽은 쌀의 부피가 많이 불어
나니 밥 대신 쌀을 불려 끓일
때에는 작은 코펠보다는 큰
코펠을 사용하세요.

참치죽
28

❶ 참치는 기름을 빼고
잘게 부순다.

❷ 양파, 호박, 당근은 잘
게 다진다.

❸ 냄비에 참기름 1을 두
르고 양파, 호박, 당근을
넣어 볶다가 물 4컵을 부
어 국물이 끓으면 밥과
참치를 넣어 끓인다.

❹ 밥알이 푹 퍼지면 달걀
을 풀어 넣고 소금으로 간
하고 통깨를 뿌린다.

닭가슴살 통조림 죽

29

요리 시간
15분

재료(4인분)
물 6컵
누룽지 2장
닭 가슴살(통조림) 1통
소금·후춧가루 약간씩

대체 식재료
누룽지 ▶ 찬밥, 즉석밥

요리 팁
닭 가슴살 통조림은 보관하기 편리해서 다양하게 사용할 수 있어요. 닭 가슴살 통조림 대신 구워 먹고 남은 닭고기를 손으로 적당히 찢어 넣고 끓여도 돼요.

❶ 냄비에 누룽지와 물 6컵을 부어 누룽지가 퍼지도록 끓인다.

❷ 닭 가슴살 통조림의 국물을 넣고 저어가며 끓인다.

❸ 누룽지가 퍼지면 닭 가슴살을 넣고 한소끔 끓인다.

❹ 소금과 후춧가루로 간한다.

요리 시간
20분

재료(4인분)
뜨거운 물 4컵
녹차(티백) 4개
소금 1
맛김 1봉
누룽지 2장
후리가케 4

대체 식재료
누룽지 ▶ 따끈한 밥

요리 팁
누룽지는 따끈한 물만 부으면 불어나는 시판용 누룽지를 활용하면 편리해요.

누룽지로 만드는 오차즈케

❶ 뜨거운 물 4컵에 녹차 티백을 담가 찻물이 우러나면 티백을 건져내고 소금 1을 넣어 녹인다.

❷ 맛김은 가위로 썰거나 손으로 찢는다.

❸ 그릇에 누룽지를 담고 찻물을 붓는다.

❹ 누룽지가 약간 불어나면 맛김과 후리가케 4를 뿌린다.

일품요리 44

Part 3. 온 가족이 즐기는 캠핑 요리

야외용 닭볶음탕

닭고기도 먹고 채소도 먹고 당면도 먹고! 여러 가지 재료를 한꺼번에 먹을 수 있는 닭볶음탕은 캠핑할 때
잘 어울리는 요리예요. 단단한 채소를 넣어 오래 끓이는 닭볶음탕에는 양념을 한꺼번에 전부 넣지 말고
나누어 넣는 게 요령이에요. 국물이 반 정도 졸아 들면 양념을 넣어 간을 보고 넣어야 간을 잘 맞출 수 있어요.

요리 시간
60분

대체 식재료
고춧가루 ▶ 청양고춧가루

주재료(4인분)
닭 1마리(800g~1kg)
감자 2개
당근 1개, 양파 1개
풋고추·홍고추 1개씩
대파 1대, 깻잎 8장
물 4컵
불린 당면 100g
식용유 2
후춧가루 약간

양념 재료
다진 마늘 2
다진 생강 약간
고추장 2
간장 2
고춧가루 3
청주 2
설탕 1
참기름 1
통깨 1

요리 팁
닭의 기름기가 싫으면 끓는
물에 데쳐서 사용하세요.

❶ 닭고기는 닭볶음탕용으로
준비해서 끓는 물에 소금을 약
간 넣고 데친다.

❷ 감자, 당근, 양파는 큼직하
게 썰고 풋고추, 홍고추, 대파
는 어슷하게 썰고 깻잎은 굵게
채 썬다.

❸ 양념 재료인 다진 마늘 2,
다진 생강 약간, 고추장 2, 간
장 2, 고춧가루 3, 청주 2, 설탕
1, 참기름 1, 통깨 1을 섞는다.

❹ 냄비에 데친 닭, 물 4컵, 양념
장의 반을 넣고 끓여 국물이 끓
으면 감자와 당근을 넣어 20분
정도 끓이다가 불을 줄여 뭉근
히 익힌다.

❺ 국물이 반 정도로 졸아들면
나머지 양념을 넣고 끓이면서
양파를 넣어 끓이다가 닭이 익
으면 불린 당면을 넣어 익히고
풋고추, 홍고추, 대파, 깻잎을
넣어 살짝 더 끓인다.

화끈하게 매운 칠리 치킨

치킨은 튀겨야 제맛이라고 하지만 캠핑할 때 튀김 요리는 대단히 번거로워요.
기름에 튀기지 말고 노릇노릇하게 지져 양념을 넉넉히 넣어 버무리면 배달치킨 생각이 안 나요.
닭 다리살은 밑간을 하여 녹말가루를 골고루 묻혀 준비해 가면 촉촉해져서 바삭바삭하게 지질 수 있어요.

요리 시간
30분

대체 식재료
캡사이신 ▶ 청양고춧가루

주재료(4인분)
닭 다리살 400g
소금·후춧가루 약간씩
녹말가루 6
마늘 10쪽
식용유 적당량
고추기름 0.5
다진 땅콩 1

양념장 재료
고추장 3
토마토케첩 2
설탕 2
간장 0.3
식초 1
청주 1
물엿 1
굴소스 0.3
캡사이신 약간

요리 팁
닭 다리를 큼직하게 썰거나 뼈째 준비하면 속까지 익히기 힘드니 한입 크기로 잘라서 조리하세요. 또 한 번 지진 닭고기를 식혀서 한 번 더 구우면 더 바삭해요.

❶ 닭고기는 힘줄을 제거하고 한입 크기로 썰어 소금과 후춧가루로 밑간하여 녹말가루를 묻힌다.

❷ 마늘은 편으로 썬다.

❸ 팬에 식용유를 넉넉히 두르고 닭고기를 노릇노릇하게 튀기듯이 지진다.

❹ 양념장 재료인 고추장 3, 토마토케첩 2, 설탕 2, 간장 0.3, 식초 1, 청주 1, 물엿 1, 굴소스 0.3, 캡사이신 약간을 섞는다.

❺ 팬을 달구어 고추기름 0.5를 두르고 편으로 썬 마늘을 넣어 타지 않게 볶다가 양념장을 넣어 볶는다.

❻ 소스가 끓으면 닭을 넣고 윤기 나게 조리고 다진 땅콩을 뿌린다.

통오징어구이와 샐러드
03

요리 시간
30분

주재료(4인분)
오징어 2마리
샐러드 채소 2줌
시치미 약간

양념 재료
간장 4
맛술 2
설탕 1
물엿 1

대체 식재료
시치미
▶ 고춧가루+통깨+소금

요리 팁
시치미는 고춧가루, 산초가루 등의 일곱 가지 재료를 섞은 일본 양념이에요. 시치미가 없으면 고춧가루, 통깨, 소금을 섞어 사용하면 돼요.

❶ 오징어는 내장을 빼고 통으로 손질하여 껍질 쪽에 1cm 간격으로 칼집을 넣고 샐러드 채소는 씻어서 물기를 빼고 그릇에 담는다.

❷ 팬을 달구어 오징어가 통통하게 부풀어 오를 때까지 굽는다.

❸ 오징어가 익으면 양념 재료인 간장 4, 맛술 2, 설탕 1, 물엿 1을 섞어 넣어 굽듯이 조린다. 오징어를 샐러드 채소 위에 올리고 시치미를 뿌린다.

요리 시간
35분

주재료(4인분)
닭 날개 16개
맛술 약간
소금·후춧가루 약간씩
대파 2대
깻잎 4장

조림장 재료
데리야키 소스 1/4컵
맛술 2
물 1/4컵

대체 식재료
대파 ▶ 부추, 달래

요리 팁
대파는 파채칼로 썰어서 찬
물에 담갔다가 건지면 식감
이 아삭하고 매운맛도 빠져
아이들도 먹을 수 있어요.

대파 닭날개 조림

❶ 닭 날개는 칼집을 넣
어 맛술, 소금, 후춧가루
로 밑간하여 팬에 노릇노
릇하게 굽는다.

❷ 대파와 깻잎은 채 썰
어 찬물에 담갔다가 건져
물기를 뺀다.

❸ 냄비에 조림장 재료
인 데리야키 소스 1/4컵,
맛술 2, 물 1/4컵을 넣어
끓인다.

❹ 조림장에 구운 닭 날개
를 넣어 10분 정도 조려
접시에 담고 대파와 깻잎
을 섞어 담는다.

전문점
샤부샤부

요리 시간
30분

주재료(4인분)
쇠고기(샤부샤부용) 400g
배추 4장
쌈채소 100g
양파 1/2개
느타리버섯 1줌
팽이버섯 1봉
어묵 2개
냉동 만두 8개
물 6컵
다시마 1장
한알육수 2
칼국수면 100g

소스 재료
간장 4
식초 1
맛술 1
고추냉이 0.5

대체 식재료
한알육수
▶ 표고버섯, 북어

요리 팁
채소를 끓이다 국물이 줄어
들면 뜨거운 물을 더 부어 끓
이세요.

❶ 배추, 쌈채소, 양파, 느
타리버섯, 팽이버섯, 어
묵은 먹기 좋은 크기로
썬다.

❷ 소스 재료인 간장 4,
식초 1, 맛술 1, 고추냉이
0.5를 섞는다.

❸ 물 6컵에 다시마를 넣
고 5분 정도 끓이다가 한
알육수를 넣고 끓으면
준비한 재료를 넣어 익
혀 소스에 찍어 먹는다.

❹ 남은 국물에 칼국수
면을 넣어 끓여 먹는다.

요리 시간
35분

주재료(4인분)
돼지고기(얇게 썬 것) 600g
대파 2대
식용유 적당량
깻잎 20장

양념 재료
다진 청양고추 2
다진 마늘 2
고추장 2
청양고춧가루 3
간장 2
맛술 2
물엿 2
설탕 1
참기름 1
깨소금·후춧가루 약간씩

대체 식재료
대파 ▶ 부추

요리 팁
팬에 볶을 때에는 식용유를
두르고 볶으세요.

불맛 제육볶음

06

❶ 돼지고기는 얇게 썬
것으로 준비한다.

❷ 대파는 파채칼로 가늘
게 채 썰어 찬물에 담갔
다가 물기를 뺀다.

❸ 양념 재료인 다진 청
양고추 2, 다진 마늘 2,
고추장 2, 청양고춧가루
3, 간장 2, 맛술 2, 물엿
2, 설탕 1, 참기름 1, 깨
소금과 후춧가루 약간씩
을 섞어 돼지고기를 넣어
30분 정도 재운다.

❹ 그릴 위에 쿠킹포일을
깔고 돼지고기를 구워 접
시에 담고 파채를 올리고
깻잎을 곁들인다.

돼지 목살 레몬찜

푸짐한 요리가 필요할 때에 만들어 보세요.
레몬이 돼지고기의 육질을 부드럽게 하고 누린내도 없애줘요. 재료를 다 잘라서 레몬즙과
여러 가지 향신료를 섞어 돼지고기에 재워서 준비해 가면 바로 요리할 수 있어요.

요리 시간
40분

대체 식재료
돼지고기 목살
▶ 돼지고기 삼겹살

재료(4인분)
돼지고기 목살 400g
소시지 4개
양파 1/2개
사과 1/2개
양배추 4장
마늘 2쪽
레몬주스 1/2컵

설탕 1
소금 약간
통후추 약간
월계수 잎 약간
말린 바질 약간

요리 팁
전기밥통이 있으면 더 쉽게 만들 수 있어요. 모든 재료를 밥통에 넣어 취사 버튼을 눌러 보온으로 바꾸면 요리 끝!

❶ 돼지고기는 먹기 좋은 크기로 큼직하게 썰고 소시지는 칼집을 넣어 반으로 자른다.

❷ 양파, 사과, 양배추는 큼직하게 썰고 마늘은 편으로 썬다.

❸ 바닥이 두꺼운 냄비에 양파, 사과, 돼지고기, 소시지, 양배추, 마늘을 넣어 섞고 레몬주스 1/2컵, 설탕 1, 소금과 통후추, 월계수 잎, 말린 바질을 약간씩 넣어 섞는다.

❹ 은근한 불에서 20~25분 정도 익힌다.

떡을 넣은 돼지 불고기

돼지 불고기는 얇게 썰어 준비하는데, 구이용으로 많이 먹는 삼겹살이나 목살이 아니어도 좋아요.
돼지고기 앞다리살로 만들어도 맛있어요. 돼지고기는 양념에 미리 재워 준비해 가고 볶다가
물이 많이 생기면 호리호리떡을 넣으면 물기 없이 먹음직스러운 돼지 불고기를 만들 수 있어요.

요리 시간
35분

대체 식재료
가는 떡볶이떡 ▶ 쫄면

주재료(4인분)
돼지고기 400g
가는 떡볶이떡 200g
양파 1/2개
당근 1/6개
풋고추 1개
홍고추 1개
대파 1/2대
식용유 2
물 1/4컵

양념 재료
다진 마늘 2
고추장 2
고춧가루 2
간장 2
설탕 1
물엿 1
맛술 1
참기름 1
소금·후춧가루 약간씩

요리 팁
호리호리떡(가는 떡볶이떡)
은 떡볶이 전문점에서 맛볼
수 있는 가는 떡이에요.
떡이 얇으면 오래 볶지 않아
도 부드럽게 익힐 수 있어 캠
핑 요리에 잘 어울려요.

❶ 돼지고기는 한입 크기로 얇
게 저민다.

❷ 양념 재료인 다진 마늘 2, 고추
장 2, 고춧가루 2, 간장 2, 설탕 1,
물엿 1, 맛술 1, 참기름 1, 소금과
후춧가루 약간씩을 섞어 돼지고
기를 넣어 조물조물 버무려 30분
정도 재운다.

❸ 떡은 가는 것으로 준비하고
딱딱하게 굳은 것은 찬물에 담
갔다가 건진다.

❹ 양파와 당근은 채 썰고 풋고
추와 홍고추는 씨째 어슷하게
썰고 대파는 어슷하게 썬다.

❺ 팬을 달구어 식용유를 두르
고 양념에 재운 돼지고기를 젓
가락으로 펼쳐가며 볶다가 물
1/4컵을 넣고 볶는다.

❻ 돼지고기가 익으면 가는 떡
볶이떡을 넣어 볶다가 떡이 부
드럽게 익으면 채소를 넣고 센
불로 재빨리 볶는다.

순대 채소 달달볶음

매콤한 볶음은 한국인이라면 누구나 좋아하죠. 예전에는 순대는 포장마차에서 주로 맛볼 수 있는
술안주였는데 요즘은 마트에서도 포장되어 판매되니 순대볶음을 만들기가 훨씬 쉬워졌어요.
집에서 미리 양념장을 준비해 가면 초스피드 순대볶음을 만들 수 있어요.

요리 시간
35분

대체 식재료
양배추 ▶ 배추
깻잎 ▶ 깻잎순

주재료(4인분)
순대 400g
양배추 4장
양파 1개
풋고추 1개, 홍고추 1개
대파 1대
깻잎 10장
통깨 약간
식용유 적당량

양념 재료
고추장 2
고춧가루 4
간장 1.5
설탕 2, 물엿 1
맛술 2
들깻가루 3
참기름 2
소금·후춧가루 약간씩

요리 팁
순대볶음에는 깻잎과 들깻가루를 넉넉히 넣으세요.

❶ 순대는 어슷하게 썬다.

❷ 양배추와 양파는 굵게 채 썰고 풋고추, 홍고추, 대파는 어슷하게 썰고 깻잎은 가늘게 채 썬다.

❸ 양념 재료인 고추장 2, 고춧가루 4, 간장 1.5, 설탕 2, 물엿 1, 맛술 2, 들깻가루 3, 참기름 2, 소금과 후춧가루 약간씩을 섞는다.

❹ 팬에 식용유를 두르고 양배추와 양파를 넣어 볶는다.

❺ 순대와 양념장을 넣어 달달 볶는다.

❻ 풋고추, 홍고추, 대파를 넣어 살짝 볶다가 깻잎을 넣는다.

뼈 없는 닭갈비볶음

요리 시간
35분

주재료(4인분)
닭 다리살 400g
양배추 2장
고구마 1개
청양고추 2개
식용유 적당량
떡볶이떡 100g
대파 1/2대
통깨 약간

양념 재료
다진 마늘 2
고추장 2
고춧가루 3
카레가루(매운맛) 2
간장 2
물엿 1
설탕 2
청주 1
후춧가루 약간

대체 식재료
대파 ▶ 깻잎

❶ 닭 다리는 살로 준비해 먹기 좋은 크기로 썬다.

❷ 양배추는 굵게 썰고 고구마는 납작하게 썰고 대파는 어슷하게 썰고 청양고추는 잘게 다진다.

❸ 양념 재료인 다진 마늘 2, 고추장 2, 고춧가루 3, 카레가루 2, 간장 2, 물엿 1, 설탕 2, 청주 1, 후춧가루 약간을 섞어 닭 다리를 넣어 30분 정도 재운다.

❹ 팬을 달구어 식용유를 두르고 닭 다리와 양배추, 고구마, 떡볶이떡을 넣어 볶다가 닭 다리가 반쯤 익으면 은근한 불로 줄이고 닭 다리가 익으면 대파와 청양고추를 넣어 버무리고 통깨를 약간 뿌린다.

쇠고기 가지볶음

요리 시간
30분

재료(4인분)
쇠고기(불고기용) 400g
가지 2개
식용유 적당량

쇠고기 양념 재료
다진 마늘 2
다진 파 3
간장 6
굴소스 0.5
설탕 2
물엿 1
맛술 2
참기름 1
깨소금 1
후춧가루 약간

대체 식재료
굴소스 ▶ 두반장, 간장

❶ 쇠고기는 불고기용으로 준비하여 먹기 좋은 크기로 썬다.

❷ 가지는 반으로 갈라 어슷하게 썬다.

❸ 양념 재료인 다진 마늘 2, 다진 파 3, 간장 6, 굴소스 0.5, 설탕 2, 물엿 1, 맛술 2, 참기름 1, 깨소금 1, 후춧가루 약간을 섞어 쇠고기를 넣어 조물조물 버무린다.

❹ 팬에 식용유를 두르고 쇠고기를 넣어 볶다가 고기가 반쯤 익으면 가지를 넣고 가지가 익을 때까지 볶는다.

쉬운 삼겹살 김치찜

캠핑 떠나야 하는데 장을 못 본 날에는 김치를 한 통 싣고 가요. 김치만 있어도 몇 끼는 수월하게
해결할 수 있거든요. 포기김치는 먹기 좋은 크기로 잘라 가면 그대로 먹을 수도 있고 요리하기에도 쉬워요.
김치 국물도 꼭 필요한 양념이니 챙겨 가세요.

요리 시간
40분

대체 식재료
삼겹살
▶ 돼지갈비, 돼지고기 목살

주재료(4인분)
묵은지 1/2포기
두부 1모
삼겹살 200g
양파 1/3개
청양고추 2개
대파 1/2대
느타리버섯 60g
소금·후춧가루 약간씩

양념 재료
다시마 육수 2컵
김치 국물 1/2컵
다진 마늘 1
고추장 2
고춧가루 1
간장 1
다진 생강 약간
설탕 약간

요리 팁
삼겹살 김치찜은 오래 끓여서 부드럽게 익혀야 맛있어요. 다 끓였다 생각했는데 삼겹살이 부드럽지 않으면 뜨거운 물을 좀 더 부어 푹 끓이세요.

❶ 묵은지는 소를 털어내고 두부와 삼겹살과 비슷한 크기로 자른다.

❷ 양파는 굵게 채 썰고 청양고추와 대파는 어슷하게 썬다.

❸ 느타리버섯은 가닥가닥 뗀다.

❹ 양념 재료인 다시마 육수 2컵, 김치 국물 1/2컵, 다진 마늘 1, 고추장 2, 고춧가루 1, 간장 1, 다진 생강과 설탕 약간씩을 섞는다.

❺ 냄비에 두부, 삼겹살, 묵은지를 돌려 담고 양파, 청양고추, 대파를 올린 다음 양념장을 넣어 묵은지가 부드럽게 익으면 소금과 후춧가루로 간한다.

짬뽕 순두부

요리 시간
30분

재료(2인분)
새우 6마리
바지락조개 1팩
순두부 1팩
배추 2장
양파 1/2개
우동 면 약간

양념장 재료
고추기름 2큰술
다진 마늘 1큰술
순두부 양념 2봉지

대체 식재료
대파 ▶ 깻잎

요리 팁
고추기름이 없을 때는 기름을 두르고 고춧가루를 중간 불에서 타지 않도록 볶아서 사용한다.

❶ 배추, 양파는 적당한 크기로 썰고 새우와 바지락조개는 씻어 건진다.

❷ 팬에 고추기름을 두르고 배추, 양파를 볶다가 바지락조개, 새우를 볶는다.

❸ 물과 순두부 양념, 다진 마늘을 넣어 끓인다.

❹ 순두부를 넣어 끓이고 기호에 따라 우동 면을 넣는다.

요리 시간
20분

재료(2인분)
오리고기(주물럭용) 1팩
양파 1개
부추 1줌
팽이버섯 1팩
소금·후춧가루 약간
매운 소스 약간

오리주물럭

❶ 오리고기에 소금, 후 춧가루, 참기름으로 간을 한다.

❷ 양파는 채 썰고 부추, 팽이버섯은 먹기 좋게 썬다.

❸ 팬에 오리주물럭과 채 소를 골고루 올리고 굽 는다.

❹ 기호에 맞는 소스를 곁 들여 먹는다.

마늘 버터 조개찜

"보기 좋은 떡이 먹기도 좋다"라는 말이 있죠. 마늘 버터 조개찜이
아마 그런 요리일 거예요. 보는 것만으로도 뿌듯하고 맛을 보면 더 만족스럽거든요.
조개 외에 새우나 오징어, 주꾸미 등을 넣어도 좋아요.

요리 시간
35분

재료(4인분)
홍합 300g
모시조개 1봉
바지락 1봉
소금 약간
브로콜리 1/2송이
당근 1/6개, 마늘 6쪽
버터 2
화이트 와인 2
소금·후춧가루 약간씩

대체 식재료
화이트 와인 ▶ 청주, 맥주

요리 팁
조개는 오래 익히면 질기고 맛이 없어요. 조개 입이 벌어지면 다 익은 것이니 불을 끄고 뚜껑을 덮어 뜸을 들이세요.

❶ 홍합은 수염을 잡아당기면서 가위로 잘라내고 껍데기를 문지르며 깨끗이 씻는다.

❷ 모시조개와 바지락은 옅은 소금물에 담가 해감한다.

❸ 브로콜리는 작은 송이로 자르고 당근은 먹기 좋게 썰고 마늘은 편으로 썬다.

Another Recipe

남은 조개찜 요리

조개찜에 고추장, 고춧가루, 간장, 물엿, 다진 마늘, 다진 파, 참기름으로 매콤하게 양념하면 매운 조개찜이 돼요. 또 콩나물을 넣고 녹말물을 약간 풀어 넣으면 콩나물 조개찜이 되고요.

❹ 냄비에 버터를 두르고 마늘을 넣어 볶는다. 마늘 향이 우러나면 홍합, 모시조개, 바지락을 넣어 볶다가 당근을 넣고 화이트 와인을 넣는다.

❺ 뚜껑을 덮어 익히다가 조개가 익으면 소금과 후춧가루로 간하고 브로콜리를 넣어 다시 뚜껑을 덮어 2~3분 정도 뜸을 들인다.

쇠고기 속 치즈

마트에 가면 촉촉한 빵가루를 입힌 돈가스와 즉석에서 만들어 판매하는 햄버그가 인기죠.
햄버그 패티는 쇠고기와 돼지고기를 섞어 동그랗게 반죽하여 비닐에 넣어 납작하게 눌러 만드는데요.
패티에 치즈를 넣으면 먹는 재미가 배가 돼요.

요리 시간
40분

대체 식재료
너트메그가루 ▶ 후춧가루

재료(4인분)
다진 쇠고기 300g
다진 돼지고기 100g
소금·후춧가루 약간씩
양파 1개
실파 5대
빵가루 1/2컵
우유 4
너트메그가루 약간

달걀 1개
모차렐라 치즈 1컵
식용유 적당량
돈가스 소스 적당량

요리 팁
다진 쇠고기와 다진 돼지고기에 두부를 넣어 만들어도 좋아요. 캠핑 가기 전에 마트에서 파는 햄버그 패티처럼 만들어 냉동해두었다가 가져가면 수고를 덜 수 있어요.

❶ 다진 쇠고기와 다진 돼지고기는 섞어서 소금과 후춧가루로 밑간한다.

❷ 양파는 곱게 다져 팬에 식용유를 두르고 살짝 볶고 실파는 송송 썬다.

❸ 고기, 볶은 양파, 실파, 빵가루, 우유, 너트메그가루, 달걀을 한데 섞어 끈기가 생길 때까지 치댄다.

❹ 동글납작한 모양으로 만든다.

❺ 가운데를 오목하게 눌러 모차렐라 치즈를 넣고 다시 동글납작하게 빚는다.

❻ 겉면에 살짝 기름을 발라 그릴 위에서 앞뒤로 노릇노릇하게 굽는다.

즉석 월남쌈

17

여러 가지 재료를 준비하여 즉석에서 만들어 먹는 월남쌈은 재료 준비가 복잡할 것 같지만
오히려 간단한 마술 요리예요. 재료를 썰어 접시에 담고 먹는 사람들이 직접 재료를 골라 말아 먹으면 되니
누구나 만들 수 있어요. 또 불을 사용하지 않아도 되니 아이들이 있는 캠핑족에게 환영받을 요리랍니다.

요리 시간
30분

주재료(4인분)
가는 쌀국수 100g
닭 가슴살(통조림) 1통
피망 1개
오이 1/2개
깻잎 10장
당근 1/6개
파인애플 슬라이스 2조각
라이스페이퍼 1/2팩

대체 식재료
멸치액젓 ▶ 피시소스

멸치액젓 소스 재료
다진 풋고추 1
다진 홍고추 1
다진 양파 1
멸치액젓 3
식초 3
설탕 2
파인애플즙 6

❶ 가는 쌀국수는 물에 담가 5분 정도 불려 끓는 물에 살짝 데쳐 찬물로 헹궈 물기를 뺀다.

❷ 닭 가슴살은 물기를 빼고 먹기 좋은 크기로 찢는다.

❸ 피망, 오이, 깻잎, 당근은 가늘게 채 썰고 파인애플은 한입 크기로 납작하게 썬다.

❹ 멸치액젓 소스 재료인 다진 풋고추 1, 다진 홍고추 1, 다진 양파 1, 멸치액젓 3, 식초 3, 설탕 2, 파인애플즙 6을 섞는다.

❺ 뜨거운 물에 라이스페이퍼를 담가 부드러워지면 건진다.

❻ 준비한 재료를 라이스페이퍼 위에 올려 돌돌 말아 접시에 담고 소스를 곁들인다.

돼지고기 두부 김치

진한 막걸리 한잔과 어울릴 듯한 두부 김치예요.
넉넉히 만들어 술안주로 먹고, 덮밥 소스나 반찬으로도 맛볼 수 있어요.
캠핑을 가자마자 먹으려면 집에서 김치를 볶아서 가져가면 돼요.

요리 시간
35분

대체 식재료
멸치가루 ▶ 다시마가루

주재료(4인분)
두부 2모, 소금 약간
익은 배추김치 1/6포기
양파 1/2개
돼지고기 목살 200g
식용유 적당량
물 1컵+1/2컵
멸치가루 1
검은깨·통깨 약간씩

돼지고기 밑간 재료
다진 마늘 1
다진 파 2
고춧가루 2
간장 2
참기름 2
설탕 1
생강 약간

요리 팁
포기김치는 썬 것으로
준비하면 그대로
사용할 수 있어 좋아요.

❶ 두부는 반으로 잘라 끓는 물
에 소금을 넣고 데친다.

❷ 익은 김치는 한입 크기로 썰
고 양파는 굵직하게 채 썬다.

❸ 돼지고기도 두부와 같은 크
기로 썰어 다진 마늘 1, 다진
파 2, 고춧가루 2, 간장 2, 참기
름 2, 설탕 1, 생강 약간을 넣어
버무린다.

❹ 팬에 식용유를 두르고 돼
지고기를 넣어 볶다가 익은
배추김치와 양파를 넣고 살짝
볶는다.

❺ 물 1컵+1/2컵을 부어 10분
정도 끓인다.

❻ 멸치가루를 넣어 가볍게 버
무려 접시에 먼저 두부를 돌려
담고 가운데 돼지고기와 볶은
김치를 담는다.

133

채소 듬뿍 라면

요리 시간
25분

주재료(2인분)
양배추 1장
양파 1/4개
당근 약간
느타리버섯 30g
대파 1/4대
물 5컵
바지락 1봉
생면 2인분

양념 재료
고추기름 2
다진 마늘 1
굴소스 2
고춧가루 2
소금·후춧가루 약간씩

대체 식재료
생면 ▶ 라면

요리 팁
생면은 끓는 물에 절반 정도
만 익혀 준비해서 국물을 끓
일 때 넣어 마저 익히세요.

❶ 양배추, 양파, 당근은
채 썰고 느타리버섯은 손
으로 찢고 대파는 어슷하
게 썬다.

❷ 냄비에 고추기름 2를
두르고 달구어 다진 마늘
1을 넣어 볶다가 양배추,
양파, 당근을 넣고 굴소
스 2와 고춧가루 2를 넣
어 볶는다.

❸ 채소가 어느 정도 익
으면 물 5컵을 붓고 바지
락과 느타리버섯을 넣어
끓인다.

❹ 생면은 끓는 물에 반쯤
익혀 ❸에 넣고 끓이다가
대파를 넣는다.

요리 시간
10분

재료(2인분)
콩나물 1줌(100g)
청양고추 1개
대파 1/4대
물 5컵
라면 2개
고춧가루 0.3

대체 식재료
청양고추 ▶ 풋고추

요리 팁
콩나물을 넣고 익기 전에 뚜껑을 열면 비린내가 날 수 있으니 익을 때까지 뚜껑을 열지 마세요.

얼큰
콩나물 라면

❶ 콩나물은 씻어 건지고 청양고추와 대파는 송송 썬다.

❷ 냄비에 물 5컵을 부어 물이 끓으면 콩나물, 라면, 수프를 넣어 끓인다.

❸ 국물이 끓으면 고춧가루를 넣는다.

❹ 라면을 넣고 익을 즈음 청양고추와 대파를 넣어 한소끔 끓인다.

해산물 가득 나가사키 짬뽕

요즘은 빨간 국물의 면 요리보다 깔끔하면서 시원한 국물 맛을
즐길 수 있는 하얀 국물 면 요리가 대세죠. 인스턴트 나가사키 짬뽕도
좋지만 해산물을 넉넉히 넣어 시원하게 끓인 나가사키 짬뽕은 더 맛있고
건강에 좋아요. 그때그때 나는 제철 해산물을 듬뿍 넣어 끓이세요.

요리 시간
30분

대체 식재료
숙주 ▶ 콩나물
시판 사골 국물
▶ 다시마 우린 물

재료(2인분)
새우 4마리
꽃게 1마리
조개 1컵
소금 약간
숙주 1줌
대파 1/4대
실파 약간

시판 사골 국물 5컵
생면 2인분
다진 마늘 0.3
소금·후춧가루 약간씩

요리 팁
숙주는 더운 날씨에는 오래
보관하기 힘드니 숙주 대신
콩나물을 넣어 끓이세요.

❶ 새우는 등 쪽의 내장을 제거
하고 꽃게는 먹기 좋은 크기로
썰고 조개는 옅은 소금물에 담
가 해감한다.

❷ 숙주는 씻어 건지고 대파
는 어슷하게 썰고 실파는 송
송 썬다.

❸ 사골 국물에 새우, 꽃게, 조
개를 넣어 끓인다.

❹ 끓는 물에 생면을 삶아 물기
를 뺀다.

❺ 해물 국물이 끓으면 삶은 생
면을 넣고 대파와 다진 마늘을
넣은 다음 소금과 후춧가루로
간한다.

❻ 숙주를 넣어 살짝 끓이고 실
파를 넣는다.

얼큰 김치 칼국수

요리 시간
20분

재료(2인분)
묵은지 100g
애호박 1/6개
대파 1/2대
청양고추 1개
물 5컵
김치 국물 1/2컵
멸치액젓 2
다진 마늘 1
칼국수 생면 2인분
고춧가루 약간
소금·후춧가루 약간씩

대체 식재료
김치 국물 ▶ 고춧가루

요리 팁
캠핑장에서 면 요리를 만들면 불이나 냄비가 적을 뿐만 아니라 한꺼번에 많이 만들면 면이 금세 불어서 맛이 떨어지니 2인분씩 만들어 다른 요리와 함께 드세요.

❶ 묵은지는 소를 털어내어 송송 썰고 애호박은 채 썰고 청양고추는 송송 썰고 대파는 어슷하게 썬다.

❷ 냄비에 묵은지, 물 5컵, 김치 국물 1/2컵을 넣어 끓인다.

❸ 국물이 끓으면 멸치액젓, 다진 마늘, 칼국수, 애호박을 넣어 끓인다.

❹ 국수가 익으면 청양고추, 대파, 고춧가루를 넣고 한소끔 끓여 소금과 후춧가루로 간한다.

요리 시간
25분

재료(4인분)
새우 200g
오이 1개
무순 1봉
소면 400g
소금·후춧가루 약간씩

소면 장국 재료
메밀국수 장국 1/2컵
물 3컵+1/2컵
송송 썬 실파 약간
고추냉이 약간

대체 식재료
새우 ▶ 닭 가슴살, 오징어

요리 팁
오이는 볶는 요리가 아니라면 돌려깎기할 필요가 없어요. 어슷하게 썰어 씨째 채 썰어도 돼요.

냉소면

❶ 새우는 끓는 물에 삶아 식히고 오이는 채 썰고 무순은 찬물에 헹궈 물기를 뺀다.

❷ 냄비에 물을 넉넉히 붓고 끓으면 소면을 헤쳐 넣고 젓가락으로 휘휘 저어가며 삶아 물에 헹구어 물기를 뺀다.

❸ 대접에 얼음을 채우고 소면을 담은 다음 새우, 오이채, 무순은 따로 곁들인다.

❹ 메밀국수 장국 1/2컵에 물 3컵+1/2컵을 부어 섞고 송송 썬 실파와 고추냉이를 풀어 소면에 곁들인다.

볶음 우동

각종 채소와 고기 또는 해산물을 넣어 볶은 우동은 한 끼 식사로도 충분하죠.
매콤한 것을 좋아한다면 채소를 볶을 때 고추기름을 약간 넣거나 두반장이나 칠리소스로
간을하면 매콤하게 맛있는 볶음 우동이 됩니다. 채소는 어느 것이나 대환영입니다.

요리 시간
30분

주재료(2인분)
우동 면 2개
돼지고기 100g
마늘 2쪽
대파 1/4대
양배추 2장
양파 1/3개

파프리카 1/4개
피망 1/2개
소금·후춧가루 약간
식용유 약간

양념 재료
굴소스 1큰술
데리야끼소스 2큰술
가쓰오부시 약간

❶ 돼지고기는 채 썰고 마늘
은 편으로 썰고 대파는 굵게 채
썬다.

❷ 양배추, 양파, 파프리카는 채
썬다.

❸ 식용유를 두르고 마늘, 대파
를 볶다가 돼지고기를 넣어 볶
다가 양배추, 양파를 볶는다.

❹ 우동 면을 넣어 데리야끼소
스, 굴소스를 넣어 볶다가 파프
리카, 피망을 볶은 후 소금, 후
춧가루로 간을 한다.

❺ 가쓰오부시를 뿌린다.

골뱅이무침과 소면

25

요리 시간
30분

주재료(4인분)
골뱅이(통조림 큰 것) 1통
북어포 1줌
대파 2대
오이 1/2개
깻잎 4장
소면 100g
소금 약간

양념장 재료
다진 마늘 2
고추장 4
고춧가루 2
식초 4
설탕 3
물엿 2
청주 1
깨소금 1
후춧가루 약간

대체 식재료
북어포 ▶ 오징어채

❶ 골뱅이는 큰 것은 반으로 썰고 북어포는 골뱅이 국물에 담가 부드럽게 불려 물기를 꼭 짜고 대파는 곱게 채 썰고 오이는 어슷하게 썰고 깻잎은 굵게 채 썬다.

❷ 끓는 물에 소금을 넣고 소면을 삶아 찬물에 헹궈 작은 사리를 만든다.

❸ 양념장 재료인 다진 마늘 2, 고추장 4, 고춧가루 2, 식초 4, 설탕 3, 물엿 2, 청주 1, 깨소금 1, 후춧가루 약간을 섞는다.

❹ 양념장에 골뱅이와 오이를 넣어 무친 다음 북어포와 대파를 넣어 무치고 접시에 담아 깻잎을 올리고 소면을 곁들인다.

버팔로 비어 치즈

요리 시간
30분

주재료(2인분)
크림치즈 200g
체다치즈 2컵
블루치즈 약간
맥주 1컵
양파 1/4개
실파 약간
버팔로 소스 2큰술
바게트·크래커 적당량

대체 식재료
실파 ▶ 차이브
버팔로 소스 ▶ 핫소스

요리 팁
치즈는 가열했을 때 녹는 치
즈인 숙성치즈류를 사용하는
것이 좋다. 모짜렐라나 스트
링 치즈와 같은 생치즈는 늘
어지면서 바닥에 눌어붙을
수 있으니 마지막에 위에 뿌
린다.

❶ 팬을 올리고 크림치
즈, 체다치즈, 다진 양파
를 넣는다.

❷ 버팔로 소스를 넣어
섞는다.

❸ 맥주를 넣어 끓인 후
실파를 넣어 끓인다.

❹ 끓으면 빵을 찍어 먹는다.

감자 시금치 카레와 파라타

커리의 본고장 인도에서는 커리의 색깔이 다양해요. 시금치로 끓여 녹색을 띠는 커리,
토마토를 넣어 붉은색을 띠는 커리, 견과류를 넣어 흰색을 띠는 고소한 커리 등이 있었어요.
일본풍 카레를 끓여 밥이 아닌 인도식 빵 파라타를 곁들였어요.

요리 시간
30분

재료(2인분)
감자 1개
시금치 2줌
식용유 약간
다진 마늘 2
물 2컵
카레가루 1봉
소금·후춧가루 약간씩
파라타 1봉

대체 식재료
파라타 ▶ 토르티야

요리 팁
감자는 단단하여 물을 붓고 충분히 볶아야 하는데 코펠 바닥에 눌어붙기 쉬우니 감자를 먼저 익힌 다음 카레를 넣어 끓이세요. 파라타(Paratha)는 이스트를 넣지 않고 버터에 구운 인도의 전통 빵으로 대형 마트에서 판매해요.

❶ 감자는 껍질을 벗기고 먹기 좋은 크기로 썬다.

❷ 시금치는 데쳐 잘게 썬다.

❸ 냄비에 식용유를 두르고 다진 마늘을 볶다가 감자를 넣어 볶는다.

Another Recipe

남은 감자 시금치 카레 요리

감자 시금치 카레는 물을 더 넣어 부드럽게 끓여 우동이나 칼국수를 넣어 말아 먹거나 덮밥처럼 밥 위에 끼얹어 먹어도 좋아요.

❹ 물 2컵을 넣고 바글바글 끓으면 시금치를 넣어 끓이다가 카레가루를 넣어 한소끔 끓여 소금과 후춧가루로 간한다.

❺ 식용유를 두른 팬에 파라타를 노릇노릇하게 구워 곁들인다.

숯불 자반고등어구이 샌드위치

이스탄불의 부둣가, 흔들리는 배 안에서 자반고등어를 구워 즉석에서 샌드위치를 만들어주는
고등어 케밥을 따라한 요리예요. 바닷가 근처에서의 캠핑이라면 잘 어울리니 도전해보세요.
자반고등어는 포장되어 바로 뜯어서 구울 수 있는 것으로 준비하세요.

요리 시간
35분

주재료(4인분)
양파 1개
토마토 1개
양상추 4장
자반고등어 2마리
맛술 2
다진 오이 피클 2
샌드위치빵 4개

빵 스프레드 재료
마요네즈 4
머스터드 2

대체 식재료
자반고등어 ▶ 닭 가슴살

요리 팁
고등어 샌드위치에 피클을
곁들이면 더 맛있어요.

❶ 양파는 곱게 채 썰어 찬물에
담갔다 건져 물기를 뺀다.

❷ 토마토는 모양대로 슬라이
스하고 양상추는 깨끗이 씻어
서 한입 크기로 손으로 뜯는다.

❸ 자반고등어는 손질해서 맛
술을 뿌려 숯불에서 굽는다.

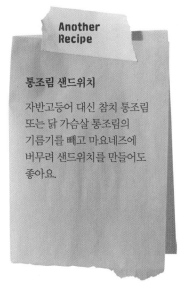

Another Recipe

통조림 샌드위치

자반고등어 대신 참치 통조림
또는 닭 가슴살 통조림의
기름기를 빼고 마요네즈에
버무려 샌드위치를 만들어도
좋아요.

❹ 샌드위치빵에 마요네즈 4와
머스터드 2를 섞어 골고루 바
른다.

❺ 고등어를 올리고 손질한 채
소와 다진 오이 피클을 얹는다.

달걀 치즈말이

요리 시간
25분

재료(4인분)
달걀 8개
소금 약간
슬라이스 치즈 2장
실파 10대
식용유 적당량
토마토케첩 약간

대체 식재료
토마토케첩 ▶
돈가스 소스, 스테이크 소스

요리 팁
슬라이스 치즈는 비닐 껍질째 잘라서 비닐을 떼어내면 돼요.

❶ 달걀은 소금을 넣고 잘 푼다.

❷ 슬라이스 치즈는 1×1cm 크기로 썰고 실파는 송송 썬다.

❸ 팬을 달구어 식용유를 두르고 달걀물을 약간만 붓고 슬라이스 치즈와 실파를 뿌려 달걀물이 익기 전에 돌돌 마는 과정을 반복한다.

❹ 도톰하게 만 달걀을 한 김 식혀 먹기 좋은 크기로 썰어 토마토케첩을 곁들인다.

라이스 찹 스테이크

요리 시간
35분

주재료(4인분)
밥 2공기
쇠고기 등심 300g
피망 1/2개
빨강 피망 1/2개
양파 1/2개
식용유 적당량
칠리소스 3
토마토케첩 1

밥 양념 재료
버터 1
소금·후춧가루 약간씩

쇠고기 밑간 재료
맛술 1
소금 약간

대체 식재료
칠리소스 ▶ 고추장

요리 팁
밥은 따끈할 때 볶아야 재료
와 잘 어우러져요. 밥이 굳었
을 때에는 물을 약간 뿌려 뚜
껑을 덮어 두었다가 사용하
세요.

❶ 팬을 달구어 버터를
두르고 밥을 넣어 볶다
가 소금과 후춧가루로
간한다.

❷ 쇠고기는 군데군데 칼
집을 넣어 한입 크기로
네모지게 썰어 맛술 1과
소금 약간으로 밑간한다.

❸ 피망, 빨강 피망, 양파
는 네모지게 썰어 팬에
식용유를 두르고 쇠고기
와 함께 넣어 볶는다.

❹ 칠리소스와 토마토케
첩을 넣어 볶다가 소금과
후춧가루로 간하여 볶음
밥에 곁들인다.

프라이팬 김치전

31

요리 시간
25분

재료(4인분)
배추김치 1/4포기
부침가루 2컵
물 2컵
김치 국물 1/2컵
식용유 적당량

대체 식재료
부침가루 ▶ 밀가루

요리 팁
반죽은 미리 많이 해두면 물이 생겨 반죽이 묽어지고 전을 부치기 힘들어요. 반죽을 만든 다음 재료를 넣고 섞어야 멍울이 지지 않아 곱게 부칠 수 있어요.

❶ 배추김치는 소를 털어내고 송송 썬다.

❷ 부침가루, 물 2컵, 김치 국물을 한데 섞어 멍울지지 않도록 고루 섞는다.

❸ 반죽에 썰어놓은 김치를 넣어 섞는다.

❹ 팬을 달구어 식용유를 두르고 반죽을 떠 넣고 앞뒤로 노릇노릇하게 부친다.

요리 시간
20분

재료(4인분)
풋고추 6개
양파 1/2개
부침가루 1컵
물 1컵+1/2컵
청양 고추장 1
식용유 적당량

대체 식재료
풋고추 ▶ 부추
청양고추장 ▶ 고추장

요리 팁
전을 부쳐 키친타월에 올려
기름을 빼지 말고 김밥이나
채반에 올려 식혀서 보관하
세요.

풋고추와 양파전

32

❶ 풋고추는 꼭지를 떼어
씨째 다지고 양파는 얇게
채 썬다.

❷ 부침 가루에 물 1컵
+1/2컵을 부어 잘 풀고
청양고추장을 넣어 멍울
지지 않도록 골고루 섞
는다.

❸ 반죽에 풋고추와 양파
를 넣어 가볍게 섞는다.

❹ 팬을 달구어 식용유를
두르고 반죽을 얇게 떠 넣
고 앞뒤로 노릇노릇하게
부친다.

감자뢰스티

33

요리 시간
25분

재료(2인분)
감자 2개
녹말가루 2큰술
파마산 치즈 1큰술
베이컨 2줄
풋고추 2개
소금·후춧가루 약간
식용유 약간

요리 팁
감자는 계절에 따라 수분량
이 차이가 날 수 있어 녹말
가루로 농도를 조절하여 만
든다.

❶ 감자는 껍질을 까고 일정한 두께로 채 썰고 베이컨 풋고추는 굵게 다진다.

❷ 감자에 소금, 후춧가루를 뿌려 섞어준다.

❸ 자에 녹말가루, 파마산 치즈를 넣어 섞어주고 베이컨, 풋고추를 넣어 섞는다.

❹ 팬에 식용유를 두르고 한 국자씩 펴서 노릇노릇하게 지진다. 기호에 따라 베이컨, 달걀 등을 구워서 올린다.

요리 시간
20분

재료(4인분)
달걀 4개
송송 썬 실파 2
다시마 육수 1컵
소금 약간
새우젓 0.5
고춧가루 1

대체 식재료
실파 ▶ 대파

요리 팁
달걀은 오래 익히면 뻣뻣해
서 맛이 없어요. 다른 요리와
함께 준비한다면 다른 요리
를 다 만든 다음 달걀찜을 만
드세요.

얼큰 달걀찜

❶ 달걀은 잘 풀어 송송
썬 실파를 넣어 섞는다.

❷ 냄비에 다시마 육수를
넣고 끓으면 달걀물을 넣
고 숟가락으로 천천히 저
으면서 달걀이 엉길 때까
지 센 불에서 익힌다.

❸ 소금과 새우젓을 넣어
뚜껑을 덮고 약한 불에서
2~3분 정도 익힌다.

❹ 달걀이 냄비의 3분의 2
쯤 올라오면 고춧가루를
넣고 뚜껑을 덮어 1분 정
도 뜸을 들인다.

홍합 바지락찜

35

요리 시간
20분

주재료(4인분)
홍합 500g
양파 1/4개
청양고추 1개
대파 1/4대
고추기름 2
식용유 3
다진 마늘 1
참기름·통깨 약간씩

양념 재료
고추장 2
고춧가루 2
설탕 0.5
물엿 1
청주 2
간장 1
캡사이신 약간

대체 식재료
캡사이신 ▶ 청양고추

요리 팁
홍합 삶은 물은 버리지 말고
볶을 때 사용하세요. 또 양념
장은 하루 전에 미리 만들어
숙성시키면 더 맛있어요.

❶ 홍합은 껍데기를 깨끗이 씻어 냄비에 홍합이 잠길 정도로 물을 붓고 소금을 약간 넣어 입을 벌릴 때까지 삶는다.

❷ 양파, 청양고추, 대파는 곱게 다진다.

❸ 양념 재료인 고추장 2, 고춧가루 2, 설탕 0.5, 물엿 1, 청주 2, 간장 1, 캡사이신 약간을 섞는다.

❹ 팬에 고추기름과 식용유를 넣고 다진 마늘과 양파를 넣어 볶다가 양념장과 청양고추, 대파, 홍합을 넣고 뒤적거리면서 볶는다.

주재료(4인분)
바지락 1봉(300g)
소금 약간
대파 1/2대
순두부 1봉

양념 재료
다진 마늘 1
송송 썬 홍고추 1
송송 썬 풋고추 1
간장 2
맛술 1
고춧가루 1
참기름 1

대체 식재료
고춧가루 ▶ 고추기름

순두부 바지락찜

36

❶ 바지락은 옅은 소금물에 담가 해감하여 깨끗이 씻고 대파는 송송 썬다.

❷ 순두부는 숟가락으로 한 덩어리씩 잘라 냄비에 넣는다.

❸ 바지락을 넣고 뚜껑을 덮어 3~4분 정도 중간 불로 익힌다.

❹ 양념 재료인 다진 마늘 1, 송송 썬 홍고추 1, 송송 썬 풋고추 1, 간장 2, 맛술 1, 고춧가루 1, 참기름 1을 섞어 끼얹고 대파를 넣어 한소끔 찐다.

주꾸미
초고추장무침

37

요리 시간
30분

주재료(4인분)
오이 1/2개
미나리 2줌
주꾸미 600g
굵은소금 약간
통깨 약간

초고추장 재료
다진 마늘 1
다진 파 2
고추장 3
고춧가루 1
설탕 2
식초 2
참기름 약간

대체 식재료
초고추장 ▶ 시판 초고추장

요리 팁
주꾸미는 오래 끓이면 질기
니 살짝 익히고 되도록 물을
많이 넣지 말고 삶으세요.

❶ 오이는 어슷하게 썰고
미나리는 다듬어 씻어 끓
는 물에 넣었다 바로 건
져 찬물에 헹구어 물기를
빼고 먹기 좋은 길이로
썬다.

❷ 주꾸미는 내장을 제거
하여 굵은소금으로 주물
러 깨끗하게 씻어 끓는
물에 데쳐 살이 통통해질
정도로 살짝 데쳐 그대로
식힌다.

❸ 초고추장 재료인 다
진 마늘 1, 다진 파 2, 고
추장 3, 고춧가루 1, 설탕
2, 식초 2, 참기름 약간을
섞어 데친 주꾸미에 넣어
버무린다.

❹ 미나리와 오이를 넣어
무치고 통깨를 뿌린다.

재료(4인분)
베이컨 400g
소금·후춧가루 약간씩
브로콜리 200g
식용유 적당량
팽이버섯 1봉
바질 페스토 4
소금 약간

대체 식재료
베이컨 ▶ 돼지고기 삼겹살

요리 팁
베이컨은 기름기가 많아 너무 센 불에서 구우면 기름이 튈 수 있으니 중간 불로 구우세요.

삼겹살 바질 페스토무침

38

❶ 베이컨은 4등분하여 팬에 노릇노릇하게 구워 소금과 후춧가루로 간한다.

❷ 브로콜리는 먹기 좋은 크기로 잘라 데쳐서 팬에 식용유를 두르고 볶는다.

❸ 팽이버섯은 반으로 잘라 가닥가닥 뗀다.

❹ 베이컨과 브로콜리, 팽이버섯에 바질 페스토와 소금을 약간 넣어 버무린다.

날치알 바다 샐러드

톡톡 씹히는 날치알은 채소와 해산물과 잘 어울려요.
새우, 오징어, 조개 등의 해산물은 화이트 와인에 익히면
비린내도 나지 않고 해산물의 맛도 잘 살릴 수 있어요.
화이트 와인이 없다면 올리브오일을 이용해도 돼요.

요리 시간
30분

주재료(4인분)
해산물(새우, 오징어 등) 600g
소금 약간
양상추 1/4통
레몬 1/4개
마늘 2쪽
화이트 와인 1/4컵
소금·후춧가루 약간씩

드레싱 재료
올리브오일 1/4컵
화이트 와인 2
날치알 3
소금·후춧가루 약간씩

대체 식재료
양상추 ▶ 치커리

요리 팁
드레싱에 올리브오일 대신 생크림을 넣으면 맛이 더 부드러워요.

❶ 새우는 꼬치로 등 쪽의 내장을 빼내어 씻고 오징어는 내장과 껍질을 제거하고 잔 칼집을 넣어 한입 크기로 썬다.

❷ 조개는 옅은 소금물에 담가 해감하여 깨끗이 씻는다.

❸ 양상추는 씻어 물기를 빼고 먹기 좋은 크기로 썰고 레몬은 슬라이스하고 마늘은 편으로 썬다.

❹ 냄비에 손질한 해산물을 담고 마늘, 화이트 와인, 소금, 후춧가루를 넣고 뚜껑을 덮고 익혀 해산물이 익으면 차게 식힌다.

❺ 드레싱 재료인 올리브오일 1/4컵, 화이트 와인 2, 날치알 3, 소금과 후춧가루 약간씩을 섞어 양상추와 레몬을 함께 곁들인다.

통조림 헬시 샐러드

통조림은 건강에 좋지 않다는 선입견을 지닌 분이 많지요. 그러나 캠핑 요리에서 통조림만큼
활용도가 높은 재료도 드물어요. 통조림도 건강하고 맛있게 먹을 수 있다는 것을 강조하고
싶어서 만든 샐러드예요. 샐러드 채소는 씻어 키친타월로 싸서 비닐백에 담아
냉장고에 넣어두면 오랫동안 신선하게 보관할 수 있어요.

요리 시간
25분

주재료(4인분)
델큐브 참치(통조림) 1통
꼬마버섯 80g
표고버섯 4개
소금·후춧가루 약간씩
식용유 적당량
샐러드 채소 100g

드레싱 재료
다진 양파 2
올리브오일 3
발사믹식초 2
소금·후춧가루 약간씩

대체 식재료
발사믹식초
▶ 식초, 흑초, 홍초
꼬마버섯 ▶ 새송이버섯

❶ 참치 통조림은 뚜껑을 따서 물기를 뺀다.

❷ 꼬마버섯과 표고버섯은 적당한 크기로 썰어 팬을 달구어 식용유를 두르고 넣어 센 불에 볶아 소금과 후춧가루로 간한다.

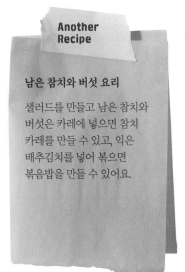

Another Recipe

남은 참치와 버섯 요리

샐러드를 만들고 남은 참치와 버섯은 카레에 넣으면 참치 카레를 만들 수 있고, 익은 배추김치를 넣어 볶으면 볶음밥을 만들 수 있어요.

❸ 샐러드 채소는 씻어 물기를 뺀다.

❹ 접시에 샐러드 채소, 참치, 꼬마버섯, 표고버섯을 담고 다진 양파 2, 올리브오일 3, 발사믹식초 2, 소금과 후춧가루 약간씩을 섞어 곁들인다.

훈제 오리구이 샐러드

요리 시간
25분

주재료(4인분)
훈제 오리 400g
양파 1/2개
영양부추 1줌
허니 머스터드소스 적당량

드레싱 재료
간장 2
식초 2
설탕 1
소금 약간

대체 식재료
영양부추 ▶ 부추

요리 팁
자색 양파를 곁들이면
더 먹음직스러워요.

❶ 훈제 오리는 기름을
두르지 않은 팬에 살짝
굽는다.

❷ 양파는 가늘게 채 썰
어 찬물에 담가 매운맛
을 빼고 영양부추는 깨
끗하게 씻어 4cm 길이
로 썬다.

❸ 드레싱 재료인 간장
2, 식초 2, 설탕 1, 소금
약간을 섞어 양파와 영양
부추를 넣고 버무린다.

❹ 접시에 훈제 오리를 돌
려 담고 가운데 샐러드를
수북하게 담고 허니 머스
터드소스를 곁들인다.

올리브 샐러드

요리 시간
20분

주재료(4인분)
양상추 1/2통
양파 1/4개
올리브 8개
소금 약간

드레싱 재료
잘게 썬 안초비 1
다진 마늘 0.5
올리브오일 2
두유 1/4컵
소금·후춧가루 약간씩

대체 식재료
안초비 ▶ 베이컨
양파 ▶ 자색 양파

요리 팁
올리브는 통조림 제품으로 판매되는데 그린 올리브, 블랙 올리브가 있어요. 샐러드에는 블랙 올리브가 잘 어울려요.

❶ 팬에 잘게 썬 안초비 1, 다진 마늘 0.5, 올리브오일 2를 넣고 볶는다.

❷ 안초비에 마늘 향이 배면 두유 1/4컵을 붓고 중간 불로 1~2분 정도 끓여 약간 걸쭉해지면 불을 끄고 소금과 후춧가루로 간한다.

❸ 양상추는 씻어 물기를 빼서 먹기 좋은 크기로 찢고 양파는 채 썰고 올리브는 슬라이스한다.

❹ 접시에 양상추와 양파를 담고 올리브를 올린 다음 드레싱을 곁들인다.

간장맛 피클

요리 시간
20분

주재료(4인분)
양파 2개
오이 1개

피클 재료
간장 1컵
식초 1/4컵
물 1/2컵
설탕 3

대체 식재료
양파 ▶ 무

요리 팁
캠핑을 떠나기 전에 미리 만들어서 가져가면 바비큐에 곁들여 먹을 수 있어요.

❶ 양파는 깨끗이 씻어 껍질을 벗기고 손가락 마디 크기로 썬다.

❷ 오이는 4등분하여 양파와 함께 병에 담는다.

❸ 냄비에 피클물 재료인 간장 1컵, 식초 1/4컵, 물 1/2컵, 설탕 3을 넣고 끓인다.

❹ 양파와 오이를 넣어 뜨거운 김이 날아가면 밀폐 용기에 담아 뚜껑을 덮어 냉장 보관한다.

요리 시간
20분

주재료(4인분)
참나물 1줌
양파 1/4개
대파 1대
참기름 적당량
통깨 약간

양념 재료
멸치액젓 1.5
고춧가루 1
설탕 0.5
식초 0.5
소금 약간

대체 식재료
멸치액젓 ▶ 국간장

요리 팁
채소는 양념에 미리 버무리
면 숨이 죽어 아삭한 맛이
없으니 먹기 직전에 버무리
세요.

고기 짝꿍
겉절이

44

❶ 참나물은 씻어 먹기
좋은 크기로 썬다.

❷ 대파는 파채칼로 썰어
찬물에 담갔다가 물기를
빼고 양파는 곱게 채 썰
어 찬물에 담갔다가 물기
를 뺀다.

❸ 참나물, 대파, 양파에
참기름을 넣어 살살 버무
린다.

❹ 양념 재료인 멸치액젓
1.5, 고춧가루 1, 설탕 0.5,
식초 0.5, 소금 약간을 섞
어 채소를 넣어 버무리고
통깨를 뿌린다.

키즈 푸드 32

Part 4. 아이들을 위한 캠핑 요리

캠핑장 브런치

요리 시간
30분

재료(2인분)
핫케이크 재료
핫케이크 믹스 1/2봉지
(200g)
달걀 1개
우유 1팩

요리 팁
핫케이크를 구울 때는 식용
유를 많이 두르지 않고 키친
타월로 팬을 닦아낸 후 핫케
이크를 만들면 색이 골고루
잘 난다.

❶ 핫케이크 믹스에 달
걀, 우유를 넣어 잘 섞어
준다.

❷ 달걀을 풀어서 소금,
후춧가루를 넣어 간을 하
고 소시지에는 칼집을 넣
는다.

❸ 달걀은 스크램블을 하
고 소시지, 베이컨은 굽
는다.

❹ 핫케이크를 익힌다. 기
호에 따라 케이플 시럽, 딸
기잼 등을 곁들인다.

요리 시간
25분

재료(4인분)
베이컨 8장
소시지 4개
스트링치즈 4개
핫도그 번 4개
다진 양파 1/2개
케첩·머스터드 적당량

요리 팁
핫도그 번을 생략하고 먹어도 좋다.

베이컨 랩 핫도그

❶ 소시지에 칼집을 넣는다.

❷ 스트링치즈를 소시지 칼집에 채운다.

❸ 베이컨으로 소시지를 감싸서 팬에 굽는다.

❹ 핫도그 번에 구운 소시지를 끼워 넣고 다진 양파, 케첩, 머스터드를 곁들인다.

캠핑 수제 소시지

아이들이 좋아하는 소시지와 엄마, 아빠가 많이 먹이고 싶은 채소를 넉넉히 넣고 직접 만든
수제 소시지예요. 이상하게 편식하는 아이들도 맛있게 먹는답니다. 집에서 미리 만들어 쿠킹포일에
돌돌 말아 캠핑장에 숯불 피어 바로 굽기만 하면 되어 편리해요. 소시지는 센 불에 바로 굽기보다는
열이 좀 약한 그릴의 가장자리에서 돌려가며 굽는 것이 좋아요. 소시지용 고기는 기름기가
적당히 섞여 있는 목심 부분이 적당하나 칼로리가 걱정되면 쇠고기는 홍두깨살이나 우둔살,
돼지고기는 안심이나 등심을 이용하세요. 볶은 채소와 버섯은 완전히 식혀야 수분이 생기지 않아요.

요리 시간
30분

주재료(4인분)
양파 1/2개, 당근 1/8개
양송이버섯 4개
불린 표고버섯 2개
풋고추 1개
소금 약간
다진 쇠고기 200g
다진 돼지고기 200g
다진 마늘 2, 녹말가루 2
식용유 적당량

고기 양념 재료
토마토케첩 2
소금·후춧가루 약간씩

대체 식재료
쇠고기, 돼지고기
▶ 닭고기, 새우살

❶ 양파, 당근, 양송이버섯은 곱게 다진다.

❷ 불린 표고버섯은 물기를 꼭 짜고 기둥을 떼어 곱게 다지고 풋고추는 꼭지를 떼어 씨째 길이로 4등분해 곱게 다진다.

❸ 팬에 기름을 두르고 양파, 당근, 양송이버섯, 표고버섯, 풋고추를 넣어 볶다가 소금으로 간해서 식힌다.

❹ 다진 쇠고기와 돼지고기에 토마토케첩 2를 넣어 섞고 소금과 후춧가루로 간한다.

❺ ④에 볶은 채소와 버섯에 다진 마늘 2, 녹말가루 2를 넣어 잘 치댄다.

❻ 반죽을 끈기 있게 잘 치대어 길쭉길쭉하게 빚어서 쿠킹 포일로 감싸 그릴이나 팬에 익힌다.

카레 퐁뒤

요리 시간
30분

재료(4인분)
다진 양파 5
식용유 3
편으로 썬 마늘 1쪽
다진 생강 약간
토마토(통조림) 1통(200g)
브로콜리 1/2송이
바게트 1/4개
물 3컵
카레가루 1봉
소금·후춧가루 약간씩

요리 팁
바게트는 딱딱하므로 아이가
어리다면 모닝빵이나 식빵
등을 준비하세요.

❶ 팬에 식용유 3을 두르
고 다진 양파를 넣어 갈
색이 돌 때까지 센 불로
볶다가 편으로 썬 마늘,
다진 생강을 넣고 2~3분
정도 더 볶는다.

❷ 토마토는 손으로 굵게
으깨고 브로콜리는 데쳐
먹기 좋게 썰고 바게트는
먹기 좋은 크기로 썬다.

❸ 냄비에 물 3컵을 붓고
카레가루를 넣어 끓인다.

❹ 물이 끓으면 토마토를
넣어 중간 중간 저어가며
10분 정도 끓이다가 소금
과 후춧가루로 간한다.

요리 시간
10분

재료(4인분)
토르티야 4장
토마토소스 1컵
피자 치즈 2컵
파르메산 치즈가루 4
샐러드 채소 적당량
마요네즈 약간

대체 식재료
토마토소스 ▶ 토마토케첩

요리 팁
캠핑 요리에 토르티야를 가져가면 훌륭한 간식 재료가 돼요. 토르티야 피자, 토르티야 랩 샌드위치로 활용할 수 있어요.

뚝딱
프라이팬 피자

❶ 기름을 두르지 않은 팬에 토르티야를 넣고 토마토소스를 골고루 펴 바른다.

❷ 피자 치즈와 파르메산 치즈가루를 듬뿍 뿌리고 뚜껑을 덮어 치즈를 녹인다.

❸ 샐러드 채소는 찬물에 씻어 물기를 뺀다.

❹ 토르티야를 꺼내 그 위에 채소를 올리고 마요네즈를 뿌린다.

구운 채소와
햄버그 스테이크

캠핑 요리에서 수제 햄버그가 인기인 이유는 직화로 굽기 때문에 불 맛이 살아
있기 때문이에요. 구운 채소와 햄버그, 빵만 준비하면 아이들이 노래를 부르는
즉석 수제 햄버그를 만들 수 있어요. 햄버그 패티는 미리 만들어 한 장씩
비닐백에 싸서 냉동 보관했다가 가져가면 간단히 햄버그를 만들 수 있어요.
냉동한 패티는 해동하지 말고 그대로 구우세요.

요리 시간
30분

주재료(4인분)
단호박 1/6개
양파 1/2개
토마토 1개
새송이버섯 1개
소금·후춧가루 약간씩
올리브오일 적당량
다진 쇠고기 200g
다진 돼지고기 200g
스테이크 소스 적당량

고기 양념 재료
다진 양파 2
다진 마늘 0.5
다진 파 1
간장 4
설탕 1
맛술 1
물엿 1
참기름 1
깨소금·후춧가루 약간씩

대체 식재료
스테이크 소스
▶ 돈가스 소스

❶ 단호박, 양파, 토마토, 새송이 버섯은 도톰하게 썰어 소금과 후춧가루로 간하고 올리브오일 을 적당량 뿌린다.

❷ 다진 쇠고기와 다진 돼지고기 는 다진 양파 2를 넣어 섞는다.

❸ 고기 양념 재료인 다진 마늘 0.5, 다진 파 1, 간장 4, 설탕 1, 맛술 1, 물엿 1, 참기름 1, 깨소 금과 후춧가루 약간씩을 섞어 고기를 넣어 잘 치댄다.

❹ 단호박, 양파, 토마토, 새송 이버섯은 그릴에 노릇노릇하게 굽는다.

❺ 고기 반죽은 먹기 좋은 크기 로 나누어 납작하게 빚어서 그 릴이나 팬에 올리브오일을 두 르고 지진다.

❻ 접시에 준비한 채소를 담고 햄버그 스테이크를 올린 다음 스테이크 소스를 뿌린다.

휴게소 토스트

07

요리 시간
20분

재료(4인분)
식빵 8장
버터 적당량
양배추 4장
양파 1/2개
당근 약간
달걀 4개
소금 약간
식용유·토마토케첩 적당량씩

요리 팁
아이들 입맛에 따라 양배추,
양파, 당근 대신 옥수수나 완
두콩, 햄 등을 넣어도 좋아요.

❶ 팬을 달구어 버터를 녹이고 식빵을 넣어 앞뒤로 노릇노릇하게 굽는다.

❷ 양배추, 양파, 당근은 곱게 채 썰고 달걀은 곱게 풀어 소금으로 간하여 채 썬 채소를 넣고 섞는다.

❸ 팬을 달구어 식용유를 두르고 채소 달걀물을 식빵 크기로 도톰하게 부친다.

❹ 식빵에 ❸을 올리고 토마토케첩을 뿌린 다음 식빵을 덮는다.

요리 시간
25분

재료(4인분)
옥수수(통조림) 1통
부침가루 1컵
물 1.5
소금 약간
식용유 적당량

대체 식재료
옥수수 ▶ 참치(통조림)

요리 팁
옥수수 통조림은 뚜껑을 조
금만 열어 한쪽으로 기울이
면 간단하게 물기를 뺄 수 있
어요.

통조림
옥수수전

08

❶ 옥수수는 물기를 뺀다.

❷ 볼에 부침가루와 물을
넣어 잘 섞는다.

❸ 반죽에 옥수수를 넣어
섞고 소금으로 간한다.

❹ 팬에 식용유를 넉넉히
두르고 반죽을 한 숟가락
씩 떠 넣어 동그랗게 전을
부친다.

채소구이 샌드위치

샌드위치는 아이들과 함께 만들어 먹기 좋으니 미니 키즈 쿠킹 클래스를 열어보세요.
버섯을 무서워하는 아이들이 있는데요, 익은 버섯의 물컹물컹한 식감을 싫어하는 것 같아요.
그런 아이들을 위해 그릴이나 팬에서 쫄깃쫄깃하게 구우세요. 또 발사믹식초나 바질 페스토 등의
재료를 모두 준비하기 어렵다면 아이들이 좋아하는 허니 머스터드소스나 케첩을 챙겨 가세요.
바질 페스토는 바질, 잣, 올리브오일, 마늘을 넣고 갈아서 소금과
후춧가루로 간해서 만들어도 좋고, 마트에서 구입해도 돼요.

요리 시간
30분

주재료(4인분)
가지 1개
새송이버섯 2개
주키니 호박 1/2개
식용유 약간
소금·후춧가루 약간씩
파르메산 치즈가루 2
샐러드 채소 2줌
모닝빵 4개
바질 페스토 약간

발사믹식초 소스 재료
발사믹식초 1/2컵
슈거파우더 3

대체 식재료
샐러드 채소 ▶ 양상추
모닝빵 ▶ 식빵
바질 페스토 ▶ 크림치즈

❶ 냄비에 발사믹식초 1/2컵과 슈거파우더 3을 넣어 걸쭉하게 끓여 식힌다.

❷ 가지, 새송이버섯, 주키니 호박은 0.5cm 두께로 넓적하게 썬다.

❸ 그릴이나 식용유를 두른 팬에 가지, 새송이버섯, 주키니 호박을 노릇하게 구워 소금과 후춧가루로 간한다.

❹ 구운 채소에 발사믹식초 소스를 넣어 고루 버무리고 파르메산 치즈가루를 뿌린다.

❺ 샐러드 채소는 씻어 물기를 뺀다.

❻ 반으로 자른 모닝빵 한 면에 바질 페스토를 바르고 구운 채소를 먹음직스럽게 올린 다음 샐러드 채소를 얹는다.

179

불고기 샌드위치

요리 시간
30분

재료(4인분)
샐러드 채소 1줌
양파 1/2개
샌드위치 식빵 4장
느타리버섯 1줌(80g)
식용유 적당량
양념한 쇠고기 300g
크림치즈 2
소금·후춧가루 약간씩

대체 식재료
샐러드 채소 ▶ 상추
크림치즈 ▶ 마요네즈

요리 팁
불고기는 집에서 미리 만들어 가세요. 쇠고기 불고기용 200g에 간장 2, 설탕 1, 다진마늘 1, 다진 파 2, 참기름 1, 후춧가루 약간을 넣고 양념해서 지퍼백에 담아 냉동시키면 돼요. 팬에 볶지 않고 쿠킹포일을 깔고 그릴에 구워도 좋아요.

❶ 샐러드 채소는 찬물에 헹궈 물기를 빼고 양파는 곱게 채 썰어 찬물에 담갔다가 물기를 뺀다.

❷ 샌드위치 식빵은 살짝 굽고 느타리버섯은 손으로 찢어 팬에 식용유를 두르고 볶다가 소금으로 간한다.

❸ 팬에 식용유를 두르고 양념한 쇠고기를 넣고 볶아서 식힌다.

❹ 빵의 한 면에 크림치즈를 펴 바르고 샐러드 채소, 불고기, 느타리버섯, 샐러드 채소 순으로 올리고 샌드위치 식빵으로 덮는다.

요리 시간
30분

재료(4인분)
밥 4공기
소금·참기름·깨소금 약간씩
오이 1개
단무지(김밥용) 4줄
달걀지단 4줄
햄 4줄
맛살 4줄
김밥용 김 4장

대체 식재료
오이 ▶ 시금치

요리 팁
달걀지단은 미리 부쳐 포장
해 가거나 참치 통조림으로
대체하세요.

셀프 김밥

❶ 따끈한 밥에 소금, 참
기름, 깨소금을 약간씩
넣어 골고루 섞는다.

❷ 오이는 길이대로 길쭉
하게 썰어 씨를 제거한다.

❸ 단무지, 달걀지단, 햄,
맛살은 길쭉하게 썰어
오이와 함께 담는다.

❹ 개인 접시 위에 김을
깔고 밥을 얇게 편 다음
준비한 재료를 식성껏 올
려 돌돌 만다.

베이컨 볶음밥

남은 밥을 해결해주는 고마운 볶음밥, 새로운 요리로 탄생되어 캠핑을 더 즐겁게 하는 볶음밥이에요.
베이컨을 넉넉히 넣으면 식용유를 두르지 않고 볶을 수 있어요. 여러 가지 채소를 준비하기 어렵다면
냉동 코너에서 판매하는 냉동 채소 믹스를 넣어도 좋아요. 메추리알은 아이들과 재미있게
만들 수 있는 재료라 넣었는데요. 달걀로 대체하거나 볶음밥만 준비해도 돼요.

요리 시간
25분

재료(4인분)
베이컨 4장
양파 1/2개, 실파 6대
파인애플(통조림) 2조각
땅콩 2
식용유 적당량
밥 4공기
칠리소스 1
소금·후춧가루 약간씩
메추리알 1/2팩

대체 식재료
베이컨 ▶ 햄, 참치
칠리소스 ▶ 토마토케첩

❶ 베이컨은 잘게 썰고 양파는 베이컨과 같은 크기로 썰고 실파는 송송 썬다.

❷ 파인애플은 굵게 썰고 땅콩은 다진다.

❸ 팬에 식용유를 살짝 두르고 베이컨을 넣어 충분히 볶아 기름기를 제거한다.

❹ 양파를 넣고 달달 볶다가 파인애플을 넣어 볶는다.

❺ 밥을 넣어 볶다가 칠리소스 1을 넣어 볶은 다음 소금과 후춧가루로 간한다.

❻ 메추리알을 부쳐 밥 위에 올리고 다진 땅콩과 송송 썬 실파를 뿌린다.

안 매운 김치볶음밥

요리 시간
25분

재료(4인분)
햄(통조림) 1/2통
양파 1/2개
익은 배추김치 200g
실파 6대
식용유 적당량
밥 4공기
굴소스 0.5
소금·후춧가루 약간씩

대체 식재료
햄 ▶ 베이컨, 참치

요리 팁
밥은 즉석밥을 활용해도 되는데 그대로 볶으면 부드럽지 않아요. 즉석밥을 뜨거운 물에 담갔다가 부드러워지면 볶으세요.

❶ 햄과 양파는 잘게 썰고 익은 배추김치는 소를 털어내고 양파와 비슷한 크기로 썰고 실파는 송송 썬다.

❷ 팬에 식용유를 두르고 햄을 넣어 충분히 볶다가 익은 배추김치와 양파를 넣어 볶는다.

❸ 밥을 넣고 섞으면서 볶다가 굴소스 0.5, 소금과 후춧가루로 간한다.

❹ 실파를 넣고 살살 섞는다.

요리 시간
30분

재료(2인분)
스파게티면 160g
오징어(작은 것) 1/2마리
브로콜리 1/4송이
마늘 3쪽
칵테일새우 8마리
올리브오일 2
아라비아따 소스 1병
소금·후춧가루 약간씩

대체 식재료
아라비아따 소스
▶ 토마토소스

요리 팁
아이들이 먹을 스파게티는 면을 더 삶아도 좋아요. 또 새우는 손질할 필요 없이 물에 씻어 사용할 수 있는 칵테일새우가 편해요.

토마토소스 통조림 스파게티

❶ 스파게티면은 팔팔 끓는 물에 소금을 약간 넣고 8분 정도 삶아 체에 밭쳐 물기를 뺀다.

❷ 오징어는 껍질을 벗기고 안쪽에 칼집을 내어 먹기 좋은 크기로 썰고 브로콜리는 작은 송이로 자르고 마늘은 편으로 썬다.

❸ 팬에 올리브오일을 두르고 마늘을 넣어 볶다가 오징어, 칵테일새우, 브로콜리를 넣어 볶는다.

❹ 아라비아따 소스를 넣어 살짝 끓이다가 삶은 스파게티면을 넣어 버무리듯 볶아 소금과 후춧가루로 간한다.

조개 파스타

파스타는 전문점에서만 맛볼 수 있는
메뉴라고 생각하는 분이 많지요.
캠핑의 주 메뉴를 라면에서
파스타로 바꾸는 일은 어렵지 않아요.
다만 한꺼번에 많은 양의 파스타를
만들 때에는 버너의 불이 약해 파스타
삶기가 어려울 수 있으니 주의하세요.
스파게티면은 삶아서 건져
찬물에 헹구지 말고 그대로
조리하세요. 또 바로 소스에
버무리지 않는다면 비닐백에
넣어 올리브오일을 두르고
섞어두면 돼요.

요리 시간
30분

주재료(2인분)
스파게티면 160g
바지락 1봉
올리브오일 6
물 1컵
마늘 3쪽
마른 고추 1개
방울토마토 8개

스파게티면 삶는 물 재료
물 2ℓ
소금 2

대체 식재료
스파게티면 ▶ 푸실리, 펜네

❶ 냄비에 물 2ℓ와 소금 2를 넣고 팔팔 끓여 스파게티면을 넣어 8~9분 정도 삶아 물기를 뺀다.

❷ 팬에 올리브오일 3을 두르고 바지락을 넣어 볶다가 물 1컵 넣고 뚜껑을 덮고 익혀 조개 입이 벌어지면 불을 끈다.

❸ 마늘은 편으로 썰고 마른 고추는 가위로 큼직하게 자르고 방울토마토는 꼭지를 떼고 4등분한다.

❹ 팬에 올리브오일 3을 두르고 마늘을 넣어 투명하게 볶은 다음 마른 고추를 넣어 살짝 볶다가 조개 육수를 넣어 끓인다.

❺ 육수가 끓으면 방울토마토와 바지락을 넣어 섞는다.

❻ 삶은 스파게티면을 넣어 버무리고 소금으로 간한다.

로제 파스타

빨간 스파게티, 하얀 스파게티로 파스타를 기억하는 아이들에게 분홍색 스파게티를 만들어주면
특별한 추억이 될 거예요. 여러 가지 채소를 넣어 로제 파스타를 만들었지만 아이들이 좋아하는
햄이나 베이컨을 넣거나 아빠, 엄마가 좋아하는 해산물을 넣어 다양한 맛의 로제 파스타를 만들어 드세요.
로제 파스타는 토마토소스에 생크림을 넣어 분홍색을 만들어요. 생크림을 넣으면 맛이 더 진하지만
번거롭다면 크림수프를 끓여 넣거나 시판 병조림이나 통조림 크림수프를 활용하면 편해요.

요리 시간
30분

주재료(2인분)
스파게티면 160g
양송이버섯 4개
새송이버섯 1개
가지 1/4개
피망 1/2개
양파 1/4개

마늘 3쪽
올리브오일 4
토마토소스 1/2병
크림수프(2인분) 1봉
소금·후춧가루 약간씩

스파게티면 삶는 물 재료
물 2ℓ
소금 2

대체 식재료
크림수프 ▶ 생크림

❶ 냄비에 물 2ℓ와 소금 2를 넣고 팔팔 끓여 스파게티면을 넣어 8~9분 정도 삶아 물기를 뺀다.

❷ 양송이버섯은 모양대로 썰고 새송이버섯은 굵게 채 썰고 가지, 피망, 양파는 채 썰고 마늘은 편으로 썬다.

❸ 팬에 올리브오일 4를 두르고 마늘을 투명하게 볶은 다음 양파를 넣어 볶다가 양송이버섯, 새송이버섯, 가지를 넣어 볶는다.

❹ 다른 냄비에 크림수프를 넣어 끓인다.

❺ ③에 토마토소스를 넣어 끓이다가 크림소스를 넣고 피망을 넣어 끓인다.

❻ 삶은 스파게티면을 넣어 버무리고 소금으로 간한다.

카레 우동

요리 시간
25분

재료(2인분)
우동면 2인분
피망 1/2개
빨강 피망 1/4개
양파 1/4개
식용유 적당량
물 4컵
카레가루 1/4컵
소금·후춧가루 약간씩

대체 식재료
카레가루 ▶ 즉석 카레

❶ 우동면은 끓는 물에 살짝 데쳐 물기를 뺀다.

❷ 피망, 빨강 피망, 양파는 채 썬다.

❸ 냄비에 식용유를 두르고 피망, 빨강 피망, 양파를 넣어 살짝 볶다가 물 4컵과 카레가루 1/4컵을 넣어 끓인다.

❹ 삶은 우동면을 넣어 익힌 다음 소금과 후춧가루로 간한다.

요리 시간
25분

재료(4인분)
소시지 4개
샐러드 채소 2줌
양파 1/4개
핫도그빵 4개
씨겨자 적당량
다진 피클 2
머스터드 소스 적당량

대체 식재료
소시지 ▶ 햄
씨겨자
▶ 허니 머스터드 소스

요리 팁
씨겨자는 약간 매운맛이 있으니 아이들에게는 허니 머스터드 소스를 곁들이면 좋아요.

내 맘대로 핫도그

❶ 소시지는 사선으로 칼집을 넣어 그릴이나 팬에 굽는다.

❷ 샐러드 채소는 찬물에 씻어 물기를 빼고 양파는 곱게 다진다.

❸ 핫도그빵의 한 면에 씨겨자를 바르고 샐러드 채소, 다진 양파, 다진 피클을 식성껏 올린다.

❹ 소시지를 올리고 머스터드 소스를 뿌린다.

조개 수프와 빵

아침 캠핑 요리로 추천하고 싶은 조개 수프와 빵이에요. 든든한 아침밥이자 캠핑의 여유로움을
즐길 수 있는 요리예요. 조개류는 더운 여름철에는 보관이 어렵다고 생각하여 피하게 되는데
집에서 미리 조개를 삶아서 국물과 조개를 밀폐용기에 담아 그대로 얼려서 가져가면 문제없어요.
크림수프는 걸쭉한 농도를 간단하게 내기 위해서 넣었어요. 크림수프가 없다면 밀가루와 버터를
섞어 팬에 볶아서 사용해도 돼요. 또는 우유와 생크림을 섞어 넣으면 더 고소한 맛이 나요.

요리 시간
25분

재료(4인분)
바지락 2봉
소금 약간
물 2컵
감자 1개
양파 1/2개
크림수프(4인분) 1봉

바지락 삶은 물 2컵
우유 2컵
소금·후춧가루 약간씩
다진 실파 약간
모닝빵 4개

대체 식재료
모닝빵 ▶ 바게트
크림수프 ▶ 밀가루+버터

❶ 바지락은 옅은 소금물에 담가 해감해서 냄비에 물 2컵을 붓고 삶아 국물만 밭쳐 준비한다.

❷ 감자와 양파는 껍질을 벗겨 작은 주사위 모양으로 썬다.

❸ 냄비에 크림수프와 바지락 삶은 물 2컵을 넣어 골고루 푼다.

❹ 크림수프에 바지락, 감자, 양파를 넣고 끓이다가 감자가 익으면 우유 2컵을 넣어 보글보글 끓인다.

❺ 소금과 후춧가루로 간하고 다진 실파를 뿌려 그릇에 담고 모닝빵을 곁들인다.

시판 수프로 끓이는 캠핑 수프

요리 시간
20분

재료(4인분)
브로콜리 수프(2인분) 2봉
물 2컵
브로콜리 1/4송이
우유 3컵
옥수수(통조림) 1/4컵
소금·후춧가루 약간씩

대체 식재료
우유 ▶ 두유

요리 팁
시판 수프는 끓는 물에 바로 넣으면 멍울져 풀어지지 않아요. 찬물에 잘 풀어준 다음 끓이세요. 걸쭉한 농도를 내기 위해 수프를 더 넣어야 할 때에도 찬물에 풀어 넣으세요.

❶ 브로콜리 수프는 물 2컵에 잘 푼다.

❷ 브로콜리는 작은 송이로 자른다.

❸ 냄비에 브로콜리 수프를 푼 물과 우유 3컵을 넣어 5분 정도 끓이다가 브로콜리를 넣는다.

❹ 브로콜리가 익으면 옥수수를 넣고 소금과 후춧가루로 간한다.

소시지 채소볶음

요리 시간
20분

주재료(4인분)
비엔나소시지 300g
피망·빨강 피망 1/2개씩
양파 1/4개
식용유 적당량

양념 재료
토마토케첩 4
머스터드 2
설탕 0.5
물 3

대체 식재료
비엔나소시지 ▶ 햄

❶ 비엔나소시지는 사선으로 엇갈리게 일정한 간격으로 칼집을 얕게 넣는다.

❷ 피망과 빨강 피망은 반으로 갈라 씨를 털어내어 소시지 크기로 썰고 양파는 반으로 갈라 같은 크기로 썬다.

❸ 팬을 달구어 식용유를 두르고 비엔나소시지와 피망, 빨강 피망, 양파를 넣어 볶는다.

❹ 소시지의 칼집이 벌어지면 양념 재료인 토마토케첩 4, 머스터드 2, 설탕 0.5, 물 3을 넣어 3분 정도 더 볶는다.

195

볶음 떡강정

22

요리 시간
20분

주재료(4인분)
가래떡 400g
식용유 적당량
다진 땅콩 약간
다진 파슬리 약간

양념 재료
고추장 2
물엿 2
토마토케첩 2
설탕 1
맛술 1
굴소스 0.3

대체 식재료
가래떡 ▶ 떡볶이떡

요리 팁
높은 온도의 기름에서 떡을
튀기면 떡이 터져 기름이 튈
수 있으니 주의하세요.

❶ 가래떡은 한입 크기로
썬다.

❷ 팬에 식용유를 넉넉히
두르고 떡을 넣어 노릇노
릇하게 지진다.

❸ 양념 재료인 고추장
2, 물엿 2, 토마토케첩 2,
설탕 1, 맛술 1, 굴소스
0.3을 섞어 끓여 지져놓
은 떡을 넣어 섞는다.

❹ 다진 땅콩과 다진 파슬
리를 뿌린다.

흑초
닭봉조림

요리 시간
25분

주재료(4인분)
닭봉 600g
맛술 2
소금 약간
식용유 적당량

흑초 소스 재료
흑초 1/2컵
맛술 1/2컵
물 2컵
간장 3
마른 고추 2개

대체 식재료
흑초 ▶ 발사믹식초

❶ 닭봉은 깨끗이 씻어 잔 칼집을 내어 맛술 2와 소금을 약간 넣어 골고루 섞는다.

❷ 팬에 식용유를 두르고 닭봉을 넣어 앞뒤로 노릇 노릇하게 굽는다.

❸ 흑초 소스 재료인 흑초 1/2컵, 맛 술 1/2컵, 물 2컵, 간장 3, 마른 고추 2개를 섞어 끓인다.

❹ 흑초 소스에 구운 닭고기를 넣어 은근한 불로 10분 정도 졸인다.

소시지 토르티야쌈

24

요리 시간
25분

재료(4인분)
소시지 400g
양상추 4장
방울토마토 8개
토르티야 4장
허니 머스터드 소스 4

대체 식재료
방울토마토 ▶ 토마토, 키위

요리 팁
토르티야는 팬에 기름을 두르지 않고 노릇노릇하게 구워야 고소한 맛이 나요. 그릴에서 구울 때에는 쿠킹포일을 깔고 구워야 타지 않아요.

❶ 소시지는 그릴이나 팬에 노릇노릇하게 굽는다.

❷ 양상추는 굵게 채 썰고 방울토마토는 반으로 자른다.

❸ 토르티야는 팬에 노릇노릇하게 구워 먹기 좋은 크기로 썬다.

❹ 접시에 재료를 담고 토르티야에 준비한 재료를 싸서 허니 머스터드 소스를 곁들인다.

신당동 짜장 떡볶이

요리 시간
25분

주재료(4인분)
떡볶이떡 400g
사각 어묵 2장
양배추 2장
대파 1/4대
물 1컵

양념 재료
고추장 2
짜장가루 3
설탕 2
맛술 2
다진 마늘 2

대체 식재료
양배추 ▶ 양파

요리 팁
짜장가루는 그대로 풀어서 사용할 수 있어 편리해요. 춘장을 사용할 때는 식용유를 넉넉히 두르고 타지 않게 볶아서 사용해야 감칠맛이 나요.

❶ 떡볶이떡은 물에 담가 부드럽게 불린다.

❷ 사각 어묵은 먹기 좋은 크기로 썰고 양배추는 굵직하게 채 썰고 대파는 어슷하게 썬다.

❸ 팬에 떡볶이떡, 물 1컵을 넣어 끓이다가 양배추, 사각 어묵을 넣어 끓인 다음 고추장 2, 짜장가루 3, 설탕 2, 맛술 2, 다진 마늘 2를 넣어 섞는다.

❹ 떡볶이떡이 부드러워지면 대파를 넣어 살짝 더 익힌다.

로제떡볶이

요리 시간
20분

재료(2인분)
떡볶이 300g
비엔나소시지 8개
베이컨 2장
어묵 2장
양파 1/4개
우유 1팩(500ml)
고추장 2큰술
슬라이스 치즈 3장
물 1컵
소금·후춧가루 약간

요리 팁
우유와 슬라이스 치즈 대신 프레시 생크림을 넣어도 된다.

❶ 비엔나소시지, 베이컨, 어묵, 양파는 먹기 좋은 크기로 썬다.

❷ 팬에 베이컨, 소시지, 양파, 어묵을 볶다가 물, 고추장을 넣어 끓인다.

❸ 떡볶이를 넣고 끓인 후 우유, 슬라이스 치즈를 넣어 끓인다.

❹ 소금, 후춧가루로 간을 한다.

감자 건과일 샐러드

요리 시간
25분

재료(4인분)
감자 2개
소금 약간
우유 3
크랜베리 2
건포도 2
마요네즈 2

대체 식재료
감자 ▶ 고구마
우유 ▶ 마요네즈

요리 팁
감자는 통으로 구워서 으깨
도 좋아요. 또는 쿠킹포일에
싸서 약한 숯불 위에 익혀서
한 김 식으면 으깨도 되고요.

❶ 감자는 껍질을 벗겨적
당한 크기로 썰어 소금을
약간 넣고 삶아서 식힌
다음 으깬다.

❷ 으깬 감자에 우유 3을
넣어 가볍게 섞는다.

❸ 크랜베리와 건포도는
굵게 다진다.

❹ 그릇에 삶은 감자, 다진
크랜베리, 다진 건포도, 마
요네즈 2를 넣어 섞는다.

냉동 완자전 샐러드

28

요리 시간
20분

재료(4인분)
양배추 2장
당근(4cm) 1/4토막
치커리 1줌
초고추장 2
깨소금 약간
식용유 적당량
냉동 완자(구이용) 1/2봉

대체 식재료
냉동 완자 ▶ 냉동 만두

요리 팁
완자는 냉동 상태 그대로 노릇노릇하게 지져야 모양이 흐트러지지 않아요. 또 남은 냉동 완자는 전골에 넣어도 맛있어요.

❶ 양배추와 당근은 가늘게 채 썰고 치커리는 먹기 좋게 손으로 뜯는다.

❷ 양배추, 당근, 치커리에 초고추장 2, 깨소금 약간을 넣어 버무린다.

❸ 팬을 달구어 식용유를 두르고 완자를 넣어 노릇노릇하게 굽는다.

❹ 접시에 완자를 담고 양념한 채소를 곁들인다.

202

프라이팬 달걀 오믈렛

요리 시간
20분

재료(4인분)
달걀 4개
소금·후춧가루 약간씩
시금치 60g
팽이버섯 1/2봉
당근 약간
슬라이스 치즈 2장
우유 2
식용유 적당량
토마토케첩 적당량

대체 식재료
시금치 ▶ 피망

요리 팁
달걀을 스크램블할 때에는 식용유를 넉넉히 두르고 센불에서 빨리 익혀야 맛이 부드러워요.

❶ 달걀은 잘 풀어서 소금과 후춧가루로 간한다.

❷ 시금치는 짤막하게 썰고 팽이버섯은 밑동을 잘라내어 작게 썰고 당근은 채 썰고 슬라이스 치즈는 굵게 다진다.

❸ 달걀물에 우유 2를 넣어 골고루 섞은 다음 시금치, 팽이버섯, 당근을 넣어 섞는다.

❹ 팬에 식용유를 두르고 스크램블하듯 저어가며 두툼한 모양으로 익혀 슬라이스 치즈를 넣고 오믈렛 모양으로 만들어 접시에 담고 토마토케첩을 뿌린다.

키즈 브런치
핫케이크와 제철 과일

달걀 거품을 내어 밀가루와 우유를 섞어서 만드는 핫케이크는 어릴 적 오븐 없이 엄마가 만들어주던
최고의 케이크였어요. 요즘은 쉽게 만들 수 있는 핫케이크 믹스가 다양하게 나와 있어요.
여러 가지 재료를 섞어서 만드는 홈메이드 핫케이크도 좋지만 캠핑에서는 프리믹스로 멋진 브런치 타임을
즐기세요. 팬에 부칠 때에는 키친타월로 기름을 완전히 닦아내서 부쳐야 팬케이크의 갈색이 골고루 나요.
또 기름이 있으면 표면이 얼룩덜룩해져요.

요리 시간
30분

재료(4인분)
제철 과일 적당량
달걀 1개
우유 1/2컵
핫케이크가루 1봉(200g)
식용유 적당량
꿀 4

대체 식재료
꿀
▶ 메이플시럽, 아가베시럽

❶ 제철 과일은 먹기 좋은 크기로 썬다.

❷ 달걀에 우유를 넣어 잘 섞는다.

❸ ②에 핫케이크가루를 넣어 멍울지지 않도록 섞는다.

❹ 팬을 달구어 식용유를 약간 두르고 반죽을 작은 크기로 부쳐 접시에 담고 꿀을 뿌린 다음 제철 과일을 올린다.

통조림 참치 칠리구이

요리 시간
25분

재료(4인분)
델큐브 참치(통조림) 1통
피망 1개
양파 1/2개
양송이버섯 4개
칠리소스 4

대체 식재료
칠리소스 ▶
토마토케첩+물엿,
설탕+핫소스

요리 팁
델큐브 참치는 네모난 모양
의 참치예요. 꼬치에 꿰어 구
워 먹어도 좋고 남으면 김치
찌개나 캠핑 찌개로 끓여도
맛있어요.

❶ 참치는 물기를 따라
낸다.

❷ 피망, 양파, 양송이버
섯은 먹기 좋은 크기로
썬다.

❸ 꼬치에 준비한 재료를
번갈아 꿴다.

❹ 칠리소스를 발라 그릴
에 굽는다.

요리 시간
20분

주재료(4인분)
가래떡 2줄

콩가루 딥 재료
볶은 콩가루 2
황설탕 1

견과류 딥 재료
다진 호두 1
다진 땅콩 1
올리고당 1/4컵

대체 식재료
올리고당 ▶ 꿀, 아가베시럽

콩가루 딥과 견과류 딥 가래떡구이

❶ 가래떡은 1cm 두께로 썬다.

❷ 볶은 콩가루 2와 황설탕 1을 섞어 콩가루 딥을 만든다.

❸ 다진 호두 1과 다진 땅콩 1, 올리고당 1/4컵을 섞어 견과류 딥을 만든다.

❹ 가래떡을 꼬치에 꽂아 그릴에 구워 그릇에 담고 딥을 곁들인다.

음료와 디저트 10

Part 5. 텐트 안 미니 카페

핫 밀크티

01

요리 시간
20분

재료(4인분)
물 1/2컵
홍차 티백 2개
우유 2컵
카다몬·저민 생강 약간씩
설탕 약간

요리 팁
우유는 끓어 넘치기 쉬우니 끓기 시작하면 넘치지 않도록 불을 줄이세요. 코펠은 바닥이 얇아서 더 빨리 끓어요.

❶ 냄비에 물 1/2컵을 붓고 끓으면 홍차 티백을 넣어 우린다.

❷ 3분 정도 지나면 우유를 붓고 카다몬과 저민 생강을 넣는다.

❸ 카다몬과 생강 향이 우러나면 체에 걸러 잔에 붓고 기호에 따라 설탕을 넣는다.

요리 시간
10분

재료(4인분)
사과 1개
사과주스 4컵
카다몬 4개

대체 식재료
카다몬 ▶ 계피 1조각

요리 팁
카다몬은 생강과의 식물이에
요. 특유의 향이 나고 맛은 맵
고 약간 쓴 편이지요. 동남아
식재료상 등에서 판매해요.

핫 애플 사이다

❶ 사과는 깨끗이 씻은
뒤 껍질째 모양을 살려
썬다.

❷ 냄비에 사과, 사과주
스, 카다몬을 넣는다.

❸ 중간 불로 5분 정도
끓여 사과와 카다몬 향이
우러나면 불을 끈다.

❹ 사과와 카다몬을 건져
낸다.

핫 오렌지티

요리 시간
15분

재료(4인분)
오렌지 1개
물 4컵
얼그레이 티백 2개

대체 식재료
오렌지 ▶ 자몽, 레몬

요리 팁
계피나 카다몬을 넣어 향을
더해도 좋아요.

❶ 오렌지는 껍질을 벗겨
굵직하게 썬다.

❷ 냄비에 물 4컵을 부어
끓으면 얼그레이 티백을
넣는다.

❸ 5분 정도 지나면 얼그
레이 티백을 건져내고 팔
팔 끓인다.

❹ 오렌지를 넣고 불을
끈다.

오렌지 레드 와인

요리 시간
20분

재료(4인분)
오렌지 1개
굵은소금 약간
레드 와인 4컵
시나몬 스틱 1개
설탕 1/2컵
물 1컵

요리 팁
오렌지는 껍질째 이용하므로 굵은소금으로 문질러 흐르는 물에 깨끗하게 씻어 찬물에 20분 정도 담가두었다가 사용하세요. 집에서 미리 오렌지를 손질해서 가져가면 편하답니다.

❶ 오렌지는 굵은 소금으로 문질러 깨끗이 씻어 껍질째 슬라이스한다.

❷ 레드 와인에 슬라이스한 오렌지, 시나몬 스틱, 설탕, 물 1/2컵을 부어 은근한 불에서 10분 정도 끓인다.

❸ 향이 우러나면 오렌지와 시나몬 스틱을 건져낸다.

아이스 레몬티&
핫 레몬티

05

[아이스 레몬티]

요리 시간
10분

재료(4인분)
레몬 4개
굵은소금 약간
얼음 약간
물 4컵
설탕 약간

[핫 레몬티]

요리 시간
10분

재료(4인분)
레몬 4개
굵은소금 약간
따끈한 물 4컵
꿀 약간

대체 식재료
꿀 ▶ 설탕

[아이스 레몬티]

[핫 레몬티]

❶ 레몬은 껍질을 굵은소금으로 문질러 깨끗이 씻어 3개는 즙을 내고 1개는 슬라이스한다.

❷ 컵에 얼음을 담고 레몬즙과 슬라이스한 레몬을 넣은 다음 물 4컵을 부어 기호에 따라 설탕을 넣는다.

❶ 레몬은 껍질을 굵은소금으로 문질러 깨끗이 씻어 즙을 낸다.

❷ 따끈한 물 4컵에 레몬즙을 넣어 섞고 기호에 따라 꿀을 섞는다.

요리 시간
10분

재료(4인분)
오렌지 1/2개
굵은소금 약간
사과 1/2개
키위 1/2개
레드 와인 2컵
크랜베리 주스 2컵

대체 식재료
사과 ▶ 딸기
키위 ▶ 포도

요리 팁
키위, 딸기, 포도 등 제철 과
일을 넣으면 다양한 맛의 샹
그리아를 만들 수 있어요. 술
에 약하다면 와인의 양을 줄
이고 주스를 더 넣으세요.

남은 와인으로 만든 샹그리아

❶ 오렌지는 껍질을 굵
은소금으로 문질러 씻고,
사과는 흐르는 물에 깨끗
이 씻어 껍질째 슬라이스
한다.

❷ 키위는 껍질을 벗겨
슬라이스한다.

❸ 냄비에 레드 와인과
크랜베리 주스를 붓고 고
루 섞는다.

❹ 슬라이스한 오렌지, 사
과, 키위를 넣어 섞는다.

매실 우유

07

요리 시간
10분

재료(4인분)
매실청 1/2컵
우유 2컵

대체 식재료
매실청 ▶ 흑초, 홍초

요리 팁
묽게 하려면 매실청을 약간만 넣으세요. 매실청은 매실 철인 6월에 청매실을 깨끗하게 씻어 동량의 설탕에 재워 100일쯤 지나 걸러두었다가 사용하세요. 매실청은 매실차나 매실 우유 등의 음료나 소스, 드레싱 등 다양하게 활용할 수 있어요.

❶ 우유에 매실청을 넣어 섞는다.

❷ 우유가 몽글몽글해지면 요구르트처럼 떠 먹거나 마신다.

요리 시간
15분

재료(4인분)
수박 1/6통
사이다 3컵
얼음 1컵

대체 식재료
사이다 ▶ 오미자차, 탄산수

요리 팁
민트를 넣으면 향도 은은하
고 보기에도 상큼해요.

수박 화채

캠핑장의 간이매점에는 대부분
오래 보관이 가능한 스낵류나
탄산음료를 판매하는 경우가
많으니 건강 주스나 초콜릿,
사탕 등 가벼운 간식거리는
미리 챙겨 가는 것이 좋다.

❶ 수박은 한입에 먹기
좋은 크기로 썬다.

❷ 사이다에 얼음과 수박
을 넣고 섞어 수박을 넣
는다.

217

아포카토

요리 시간
10분

재료(4인분)
아이스크림 4스쿱
인스턴트커피 4
뜨거운 물 1/4컵
아몬드 슬라이스 약간

요리 팁
하니씩 소포장된 아이스크림
을 사용하면 편리해요.

❶ 아이스크림을 그릇에
담는다.

❷ 인스턴트커피에 뜨거
운 물을 부어 녹인다.

❸ 아이스크림에 커피를
붓고 아몬드 슬라이스를
뿌린다.

요리 시간
40분

재료(4인분)
호떡믹스 1봉
당근 1/6개
피망 1/4개
식용유 적당량

대체 식재료
당근, 피망
▶ 옥수수, 브로콜리

요리 팁
기호에 따라 아이스크림이나
과일을 곁들이세요.

채소 호떡

❶ 호떡믹스는 반죽하여
발효시킨다.

❷ 당근과 피망은 곱게
다진다.

❸ 호떡 반죽에 다진 당
근과 다진 피망을 넣어
섞고 동그랗게 빚어 속을
넣어 빚는다.

❹ 팬에 식용유를 두르고
호떡 반죽을 넣어 노릇노
릇하게 지진다.

알뜰 캠핑 요리

Special Page. 남은 음식 활용하기

제육볶음 볶음밥

재료
양파 1/4개
당근(2cm) 1토막
브로콜리 1/4송이
식용유 적당량
밥 2공기
제육볶음 적당량
소금·후춧가루 약간씩

먼저, 양파와 당근은 굵게 다지고 브로콜리는 밑동을 잘라내고
송이송이 떼어 먹기 좋은 크기로 자르세요.
그런 다음, 팬에 식용유를 두르고 양파와 당근을 넣어 볶다가 밥을 넣고 볶으세요.
남은 제육볶음을 넣고 소금과 후춧가루로 간한 다음 브로콜리를 넣고 살짝 볶으면 끝.

샤부샤부 국물에 끓인 죽

02

재료

표고버섯 2개
당근(2cm) 1토막
양파 1/2개
애호박 1/4개
남은 샤부샤부 국물 4컵
밥 1공기
소금깨소금참기름 약간씩

먼저, 표고버섯, 당근, 양파, 애호박은 손질해서 잘게 다지세요.
그런 다음, 냄비에 샤부샤부 국물과 밥을 넣고 밥알이 퍼지도록 푹 끓이세요.
밥알이 퍼지면 다진 채소를 넣어 끓이다가 채소가 익으면 소금으로 간하세요.
마지막으로 깨소금과 참기름을 살짝 뿌리면 끝.

삼겹살
채소말이조림

주재료

남은 삼겹살 채소말이 6~7개

조림장 재료

간장 1.5
물엿 1
맛술 1
후춧가루 약간
참기름 약간

먼저, 냄비에 조림장 재료를 모두 넣고 끓이세요.
그런 다음, 조림장에 삼겹살 채소말이를 넣어 윤기나게 조려
한입 크기로 잘라 접시에 담으면 끝.

주재료

남은 햄버거 패티 2조각
꽈리고추 50g

조림장 재료

간장 1
굴소스 0.3
물엿 1
맛술 1
설탕 0.5
후춧가루·참기름 약간씩

남은 패티
채소조림

04

먼저, 남은 패티는 한입 크기로 자르세요.
그런 다음, 꽈리고추는 꼭지를 떼고 큰 것은 반으로 자르세요.
팬에 조림장 재료를 모두 섞어 끓이고 한입 크기로 자른 패티를 넣고 조리세요.
국물이 자작해지면 꽈리고추를 넣어 뒤적거리면 끝.

남은 김치찌개로 끓인 김치 우동

05

재료
팽이버섯 1/2봉
대파 1/2대
쑥갓 약간
남은 김치찌개
우동 2인분
다진 마늘 1
소금 약간

먼저, 팽이버섯은 밑동을 잘라내고 가닥가닥 떼세요.
그런 다음, 대파는 어슷하게 썰고 쑥갓은 굵은 줄기를 잘라 먹기 좋은 크기로 자르세요.
냄비에 남은 김치찌개를 넣어 끓이다가 우동과 다진 마늘을 넣어 끓이세요.
우동이 익으면 팽이버섯과 쑥갓, 대파를 넣어 한소끔 끓이면 끝.

칠리 치킨 떡볶이

06

재료
떡볶이떡 200g
물 1/2컵
고추장 1
설탕 0.3
칠리 치킨 적당량
참기름 1

먼저, 떡볶이떡은 미지근한 물에 담가 불리세요.
그런 다음, 팬에 물 1/2컵과 떡볶이떡을 넣어 끓이고 떡이 부드러워지면
고추장과 설탕을 넣으세요.
칠리 치킨과 참기름을 넣어 살짝 볶으면 끝.

데리야키 닭 가슴살 샐러드

주재료
데리야키 닭 가슴살 1조각
샐러드 채소 1줌
올리브 약간

드레싱 재료
다진 양파 2
다진 마늘 1
올리브오일 3
식초 2
설탕 1.5
소금·검은깨 약간씩

먼저, 닭 가슴살은 한입 크기로 납작하게 써세요.
그런 다음, 샐러드 채소는 깨끗하게 씻어 물기를 빼고 올리브는 슬라이스하세요.
드레싱 재료를 모두 섞어 드레싱을 만드세요.
그릇에 샐러드 채소와 닭 가슴살을 담고 드레싱을 끼얹으면 끝.

통감자와 통고구마
스위트 샐러드

08

재료

구운 감자·고구마 1개씩
우유 1/4컵
소금 약간
옥수수(통조림) 약간

먼저, 감자와 고구마는 껍질을 벗겨 으깨세요.
그런 다음, 우유를 붓고 소금과 옥수수를 넣고 섞으면 끝.

Index

가나다순

★가

간장맛 피클   164

갈릭 쉬림프 꼬치구이   056

감자 건과일 샐러드   201

감자 시금치 카레와 파라타   144

감자뢰스티   152

고기 짝꿍 겉절이   165

골뱅이무침과 소면   142

구운 채소와 햄버그 스테이크   174

김가루 폭탄 주먹밥   067

꽁치 김치찌개   085

★나

나물 솥밥   071

낙지 호롱구이   054

날치알 바다 샐러드   158

남은 김치찌개로 끓인 김치 우동   226

남은 와인으로 만든 샹그리아   215

남은 패티 채소조림   225

내 맘대로 핫도그   191

냉동 완자전 샐러드   202

냉소면   139

누룽지로 만드는 오차즈케   103

★다

달걀 치즈말이   148

달걀 팟국   093

닭가슴살 데리야키구이 049

닭가슴살 통조림 죽 102

닭꼬치 고추장구이 046

닭날개 탄두리 048

대파 닭날개 조림 111

데리야키 닭가슴살 샐러드 228

도루묵구이 052

돈마호크와 그릴링 베지터블 040

돼지 등갈비구이 036

돼지 목살 레몬찜 114

돼지고기 두부 김치 132

된장을 바른 돼지목살구이 038

두반장 돼지갈비구이 032

두반장 채소볶음 덮밥 080

떡갈비 꼬치구이 043

떡을 넣은 돼지 불고기 116

뚝딱 프라이팬 피자 173

★라 라이스 찹 스테이크 149

로제 파스타 188

로제떡볶이 200

★마 마늘 버터 조개찜 126

마늘 은행 버터구이 060

매실 우유 216

매실 장아찌 주먹밥구이 070

맥주에 재운 닭구이 051

모둠 꼬치구이 044

문어 해초밥 074

미역 된장죽 100

★바 바지락 쌈장과 밥 068

버섯 짜장밥 077

버팔로 비어 치즈 143

베이컨 랩 핫도그 169

베이컨 볶음밥 182

볶음 떡강정 196

볶음 우동 140

북어 해장국 092

불고기 샌드위치 180

불맛 제육볶음 113

빨간 어묵탕 098

뼈 없는 닭갈비볶음 120

★사 삼겹살 바질 페스토무침 157

삼겹살 채소말이 바비큐 039

삼겹살 채소말이조림 224

새우 소금구이 055

샤부샤부 국물에 끓인 죽 223

셀프 김밥 181

소시지 채소볶음 195

소시지 토르티야쌈 198

송어필렛 구이 057

쇠고기 가지볶음 121

쇠고기 덮밥 078

쇠고기 등심 채소구이 034

쇠고기 속 치즈 128

안 매운 김치볶음밥 184

쇠고기 치즈구이 042

야외용 닭볶음탕 106

수박 화채 217

양갈비 프렌치랙 041

순대 채소 달달볶음 118

양념 한 봉지 된장찌개 088

순두부 바지락찜 155

얼큰 김치 칼국수 138

숯불 고갈비 058

얼큰 달걀찜 153

숯불 자반고등어구이 샌드위치 146

얼큰 콩나물 라면 135

쉬운 삼겹살 김치찜 122

여러 가지 어묵국 096

시판 수프로 끓이는 캠핑 수프 194

열빙어구이 053

신김치로 만드는 김치밥 072

오렌지 레드 와인 213

신당동 짜장 떡볶이 199

오리주물럭 125

★ 아

아이스 레몬티&핫 레몬티 214

올리브 샐러드 163

아포가토 218

유자청 닭다리구이 050

일본풍 옥수수 카레 082

★자 전문점 샤부샤부 112

제육볶음 볶음밥 222

조개 수프와 빵 192

조개 파스타 186

조개탕 097

주꾸미 초고추장무침 156

즉석 월남쌈 130

짬뽕 순두부 124

★차 참치 고추장찌개 084

참치죽 101

채소 듬뿍 라면 134

채소 호떡 219

채소구이 샌드위치 178

칠리 치킨 떡볶이 227

★카 카레 우동 190

카레 퐁뒤 172

캠핑 수제 소시지 170

캠핑 쌈밥 066

캠핑 찌개 086

캠핑 파에야 064

캠핑장 브런치 168

콩가루 딥과 견과류 딥 가래떡구이 207

콩나물 국밥 076

키즈 브런치 핫케이크와 제철 과일 204

★타 토마토소스 통조림 스파게티 185

통가지구이	061	
통감자구이와 통고구마구이	059	
통감자와 통고구마 스위트 샐러드	229	
통오징어구이와 샐러드	110	
통조림 옥수수전	177	
통조림 참치 칠리구이	206	
통조림 헬시 샐러드	160	

★파

풋고추와 양파전	151
프라이팬 김치전	150
프라이팬 달걀 오믈렛	203

★하

핫 밀크티	210
핫 애플 사이다	211
핫 오렌지티	212

해물 채소 섞어찌개	090
해산물 가득 나가사키 짬뽕	136
해산물이 가득한 해물밥	073
해장 뭇국	094
햄 전골	089
홍합 바지락찜	154
화끈하게 매운 칠리 치킨	108
훈제 오리구이 샐러드	162
휴게소 토스트	176
흑초 닭봉조림	197

재료순

★ 육류

깻잎 통삼겹살구이	035
닭가슴살 데리야키구이	049
닭꼬치 고추장구이	046
닭날개 탄두리	048
대파 닭날개 조림	111
돈마호크와 그릴링 베지터블	040
돼지 등갈비구이	036
돼지 목살 레몬찜	114
된장을 바른 돼지목살구이	038
두반장 돼지갈비구이	032
떡갈비 꼬치구이	043
떡을 넣은 돼지 불고기	116
라이스 찹 스테이크	149
맥주에 재운 닭구이	051
불고기 샌드위치	180
불맛 제육볶음	113
뼈 없는 닭갈비볶음	120
삼겹살 바질 페스토무침	157
삼겹살 채소말이 바비큐	039
쇠고기 가지볶음	121
쇠고기 등심 채소구이	034
쇠고기 속 치즈	128
쇠고기 치즈구이	042
쉬운 삼겹살 김치찜	122
야외용 닭볶음탕	106
양갈비 프렌치랙	041
오리주물럭	125
유자청 닭다리구이	050
캠핑 수제 소시지	170
화끈하게 매운 칠리 치킨	108
훈제 오리구이 샐러드	162
흑초 닭봉조림	197

★ 생선 및 해산물

갈릭 쉬림프 꼬치구이	056
꽁치 김치찌개	085
낙지 호롱구이	054
날치알 바다 샐러드	158
도루묵구이	052
마늘 버터 조개찜	126
북어 해장국	092
빨간 어묵탕	098
새우 소금구이	055
송어필렛 구이	057
순두부 바지락찜	155
숯불 고갈비	058
열빙어구이	053
조개탕	097
주꾸미 초고추장무침	156
참치 고추장찌개	084
통오징어구이와 샐러드	110
통조림 참치 칠리구이	206
홍합 바지락찜	154

★ 채소

간장맛 피클	164
감자 건과일 샐러드	201
감자뢰스티	152
고기 짝꿍 겉절이	165
구운 채소와 햄버그 스테이크	174
마늘 은행 버터구이	060
올리브 샐러드	163
채소구이 샌드위치	178
통가지구이	061
통감자구이와 통고구마구이	059
통감자와 통고구마 스위트 샐러드	229
통조림 옥수수전	177
풋고추와 양파전	151
프라이팬 김치전	150

★ 콩·두부

돼지고기 두부 김치	132
양념 한 봉지 된장찌개	088
짬뽕 순두부	124

★ 쌀·떡

김가루 폭탄 주먹밥	067
나물 솥밥	071
누룽지로 만드는 오차즈케	103
닭가슴살 통조림 죽	102
두반장 채소볶음 덮밥	080
로제떡볶이	200
매실 장아찌 주먹밥구이	070
문어 해초밥	074
미역 된장죽	100
바지락 쌈장과 밥	068
버섯 짜장밥	077
베이컨 볶음밥	182
볶음 떡강정	196
샤부샤부 국물에 끓인 죽	223
셀프 김밥	181
쇠고기 덮밥	078
신김치로 만드는 김치밥	072
신당동 짜장 떡볶이	199
안 매운 김치볶음밥	184
일본풍 옥수수 카레	082
제육볶음 볶음밥	222
참치죽	101
칠리 치킨 떡볶이	227
캠핑 쌈밥	066
캠핑 파에야	064
콩가루 딥과 견과류 딥 가래떡구이	207
콩나물 국밥	076
해산물이 가득한 해물밥	073

★ 달걀

달걀 치즈말이	148
달걀 팟국	093
얼큰 달걀찜	153
프라이팬 달걀 오믈렛	203

★ 면류

골뱅이무침과 소면	142
남은 김치찌개로 끓인 김치 우동	226
냉소면	139
로제 파스타	188
볶음 우동	140
얼큰 김치 칼국수	138
얼큰 콩나물 라면	135
조개 파스타	186
채소 듬뿍 라면	134
카레 우동	190
토마토소스 통조림 스파게티	185
해산물 가득 나가사키 짬뽕	136

★ 기타

감자 시금치 카레와 파라타	144
남은 와인으로 만든 샹그리아	215
남은 패티 채소조림	225
내 맘대로 핫도그	191
냉동 완자전 샐러드	202
데리야키 닭가슴살 샐러드	228
뚝딱 프라이팬 피자	173
매실 우유	216
모둠 꼬치구이	044
버팔로 비어 치즈	143
베이컨 랩 핫도그	169
삼겹살 채소말이조림	224
소시지 채소볶음	195
소시지 토르티야쌈	198
수박 화채	217
순대 채소 달달볶음	118
숯불 자반고등어구이 샌드위치	146
시판 수프로 끓이는 캠핑 수프	194
아이스 레몬티&핫 레몬티	214
아포가토	218
여러 가지 어묵국	096
오렌지 레드 와인	213
전문점 샤부샤부	112
조개 수프와 빵	192
즉석 월남쌈	130
채소 호떡	219
카레 퐁듀	172
캠핑 찌개	086
캠핑장 브런치	168
키즈 브런치 핫케이크와 제철 과일	204
통조림 헬시 샐러드	160
핫 밀크티	210
핫 애플 사이다	211
핫 오렌지티	212
해물 채소 섞어찌개	090
해장 뭇국	094
햄 전골	089
휴게소 토스트	176

요리 시간순

★~20분

간장맛 피클	164
고기 짝꿍 겉절이	165
남은 김치찌개로 끓인 김치 우동	226
남은 와인으로 만든 샹그리아	215
남은 패티 채소조림	225
냉동 완자전 샐러드	202
누룽지로 만드는 오차즈케	103
달걀 팟국	093
닭가슴살 통조림 죽	102
데리야키 닭가슴살 샐러드	228
도루묵구이	052
두반장 채소볶음 덮밥	080
뚝딱 프라이팬 피자	173
로제떡볶이	200
매실 우유	216
미역 된장죽	100
볶음 떡강정	196
삼겹살 채소말이조림	224
소시지 채소볶음	195
수박 화채	217
순두부 바지락찜	155
시판 수프로 끓이는 캠핑 수프	194
아이스 레몬티&핫 레몬티	214
아포가토	218
양념 한 봉지 된장찌개	088
얼큰 김치 칼국수	138
얼큰 달걀찜	153
얼큰 콩나물 라면	135
열빙어구이	053
오렌지 레드 와인	213
오리주물럭	125
올리브 샐러드	163
제육볶음 볶음밥	222
조개탕	097
칠리 치킨 떡볶이	227
콩가루 딥과 견과류 딥 가래떡구이	207
통감자와 통고구마 스위트 샐러드	229
풋고추와 양파전	151
프라이팬 달걀 오믈렛	203
핫 밀크티	210
핫 애플 사이다	211
핫 오렌지티	212
홍합 바지락찜	154
휴게소 토스트	176

★~30분

갈릭 쉬림프 꼬치구이	056
감자 건과일 샐러드	201
감자 시금치 카레와 파라타	144
감자뢰스티	152
골뱅이무침과 소면	142
구운 채소와 햄버그 스테이크	174
김가루 폭탄 주먹밥	067

꽁치 김치찌개	085
나물 솥밥	071
날치알 바다 샐러드	158
내 맘대로 핫도그	191
냉소면	139
달걀 치즈말이	148
닭가슴살 데리야키구이	049
닭꼬치 고추장구이	046
돈마호크와 그릴링 베지터블	040
된장을 바른 돼지목살구이	038
로제 파스타	188
마늘 은행 버터구이	060
매실 장아찌 주먹밥구이	070
맥주에 재운 닭구이	051
바지락 쌈장과 밥	068
버섯 짜장밥	077
버팔로 비어 치즈	143
베이컨 랩 핫도그	169
베이컨 볶음밥	182
볶음 우동	140
북어 해장국	092
불고기 샌드위치	180
뼈 없는 닭갈비볶음	120
삼겹살 바질 페스토무침	157
삼겹살 채소말이 바비큐	039
새우 소금구이	055
샤부샤부 국물에 끓인 죽	223
셀프 김밥	181
소시지 토르티야쌈	053
쇠고기 가지볶음	125
쇠고기 덮밥	078
쇠고기 등심 채소구이	034
쇠고기 치즈구이	042
숯불 고갈비	058
신김치로 만드는 김치밥	072
신당동 짜장 떡볶이	199
안 매운 김치볶음밥	041
양갈비 프렌치랙	096
여러 가지 어묵국	050
유자청 닭다리구이	082
일본풍 옥수수 카레	112
전문점 샤부샤부	192
조개 수프와 빵	186
조개 파스타	156
주꾸미 초고추장무침	130
즉석 월남쌈	124
짬뽕 순두부	084
참치 고추장찌개	101
참치죽	134
채소 듬뿍 라면	178
채소구이 샌드위치	190
카레 우동	172
카레 퐁뒤	170
캠핑 수제 소시지	

캠핑 찌개	086
캠핑 파에야	064
캠핑장 브런치	168
콩나물 국밥	076
키즈 브런치 핫케이크와 제철 과일	204
토마토소스 통조림 스파게티	185
통가지구이	061
통감자구이와 통고구마구이	059
통오징어구이와 샐러드	110
통조림 옥수수전	177
통조림 참치 칠리구이	206
통조림 헬시 샐러드	160
프라이팬 김치전	150
해물 채소 섞어찌개	090
해산물 가득 나가사키 짬뽕	136
해산물이 가득한 해물밥	073
해장 뭇국	094
햄 전골	089
화끈하게 매운 칠리 치킨	108
훈제 오리구이 샐러드	162
흑초 닭봉조림	197

★~40분

낙지 호롱구이	054
닭날개 탄두리	048
대파 닭날개 조림	111
돼지 등갈비구이	036
돼지 목살 레몬찜	114
돼지고기 두부 김치	132
두반장 돼지갈비구이	032
떡갈비 꼬치구이	043
떡을 넣은 돼지 불고기	116
라이스 찹 스테이크	149
마늘 버터 조개찜	126
모둠 꼬치구이	044
문어 해초밥	074
불맛 제육볶음	113
빨간 어묵탕	098
송어필렛 구이	057
쇠고기 속 치즈	128
순대 채소 달달볶음	118
숯불 자반고등어구이 샌드위치	146
쉬운 삼겹살 김치찜	122
채소 호떡	219
캠핑 쌈밥	066

★1시간

깻잎 통삼겹살구이	035
야외용 닭볶음탕	106

**온 가족 모두 즐길 수 있는
캠핑 레시피 150**

더 맛있는
캠핑 요리

개정1판 1쇄 | 2025년 6월 13일

글과 요리 | 이미경

발행인 | 유철상
기획 · 푸드 스타일링 | 조경자
사진 | 황승희
편집 | 김정민, 성도연
디자인 | 주인지, 노세희
마케팅 | 조종삼

펴낸 곳 | 상상출판
등록 | 2009년 9월 22일(제305-2010-02호)
주소 | 서울특별시 동대문구 왕산로28길 37, 2층(용두동)
전화 | 02-963-9891(편집), 070-8854-9915(마케팅)
팩스 | 02-963-9892
전자우편 | sangsang9892@gmail.com
홈페이지 | www.esangsang.co.kr
블로그 | blog.naver.com/sangsang_pub
인쇄 | 다라니
종이 | ㈜월드페이퍼

ISBN 979-11-6782-591-9 (13590)
© 2025 이미경